U0204266

中华传统食材丛书

主粮卷

总主编 魏兆军 陈寿宏

主编 廖爱美

编委 孙亚赛 孙恺浓 魏兆军

合肥工业大学出版社

图书在版编目（CIP）数据

中华传统食材丛书.主粮卷/廖爱美主编.—合肥：合肥工业大学出版社，2022.8
ISBN 978-7-5650-5111-1

Ⅰ.①中… Ⅱ.①廖… Ⅲ.①烹饪—原料—介绍—中国 Ⅳ.①TS972.111

中国版本图书馆CIP数据核字（2022）第157804号

中华传统食材丛书·主粮卷
ZHONGHUA CHUANTONG SHICAI CONGSHU ZHULIANG JUAN

廖爱美 主编

项目负责人	王 磊 陆向军
责任编辑	殷文卓
责任印制	程玉平 张 芹
出 版	合肥工业大学出版社
地 址	（230009）合肥市屯溪路193号
网 址	www.hfutpress.com.cn
电 话	理工图书出版中心：0551-62903004
	营销与储运管理中心：0551-62903198
开 本	710毫米×1010毫米 1/16
印 张	11.75 字 数 163千字
版 次	2022年8月第1版
印 次	2022年8月第1次印刷
印 刷	安徽联众印刷有限公司
发 行	全国新华书店
书 号	ISBN 978-7-5650-5111-1
定 价	105.00元

如果有影响阅读的印装质量问题，请与出版社营销与储运管理中心联系调换。

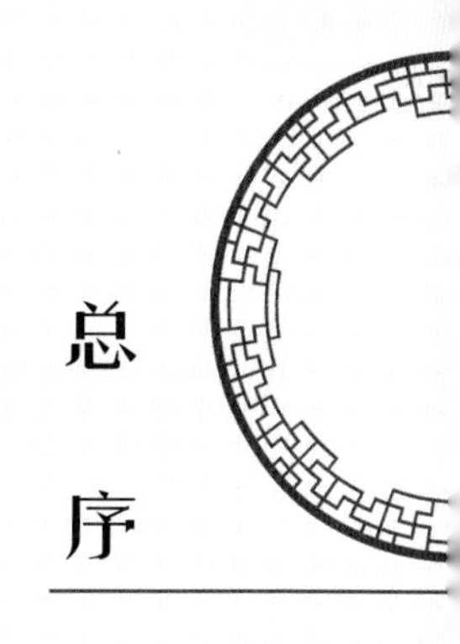

总序

健康是促进人类全面发展的必然要求，《“健康中国2030”规划纲要》中提出，实现国民健康长寿，是国家富强、民族振兴的重要标志，也是全国各族人民的共同愿望。世界卫生组织（WHO）评估表明膳食营养因素对健康的作用大于医疗因素。“民以食为天”，当前，为了满足人民日益增长的美好生活的需求，对食品的美味、营养、健康、方便提出了更高的要求。

中国传统饮食文化博大精深。从上古时期的充饥果腹，到如今的五味调和；从简单的填塞入口，到复杂的品味尝鲜；从简陋的捧土为皿，到精美的餐具食器；从烟火街巷的夜市小吃，到钟鸣鼎食的珍馐奇馔；从“下火上水即为烹饪”，到“拌、腌、卤、炒、熘、烧、焖、蒸、烤、煎、炸、炖、煮、煲、烩”十五种技法以及“鲁、川、粤、徽、浙、闽、苏、湘”八大菜系的选材、配方和技艺，在浩渺的时空中穿梭、演变、再生，形成了绵长而丰富的中华传统饮食文化。中华传统食品既要传承又要创新，在传承的基础上创新，在创新的基础上发展，实现未来食品的多元化和可持续发展。

中华传统饮食文化体现了“大食物观”的核心——食材多元化，肉、蛋、禽、奶、鱼、菜、果、菌、茶等是食物；酒也是食物。中国人讲究“靠山吃山、靠海吃海”，这不仅是一种因地制宜的变通，更是顺应自然的中国式生存之道。中华大地幅员辽阔、地大物博，拥有世界上最多样的地理环境，高原、山林、湖泊、海岸，这种巨大的地理跨度形成了丰富的物种库，潜在食物资源位居世界前列。

“中华传统食材丛书”定位科普性，注重中华传统食材的科学性和文化性。丛书共分为30卷，分别为《药食同源卷》《主粮卷》《杂粮卷》《油脂卷》《蔬菜卷》《野菜卷（上册）》《野菜卷（下册）》《瓜茄卷》《豆荚芽菜卷》《籽实卷》《热带水果卷》《温寒带水果卷》《野果卷》《干坚果卷》《菌藻卷》《参草卷》《滋补卷》《花卉卷》《蛋乳卷》《海洋鱼卷》《淡水鱼卷》《虾蟹卷》《软体动物卷》《昆虫卷》《家禽卷》《家畜卷》《茶叶卷》《酒品卷》《调味品卷》《传统食品添加剂卷》。丛书共收录了食材类目944种，历代食材相关诗歌、谚语、民谣900多首，传说故事或延伸阅读900余则，相关图片近3000幅。丛书的编者团队汇聚了来自食品科学、营养学、中药学、动物学、植物学、农学、文学等多个学科的学者专家。每种食材从物种本源、营养及成分、食材功能、烹饪与加工、食用注意、传说故事或延伸阅读等诸多方面进行介绍。编者团队耗时多年，参阅大量经、史、医书、药典、农书、文学作品等，记录了大量尚未见经传、流散于民间的诗歌、谚语、歌谣、楹联、传说故事等。丛书在文献资料整理、文化创作等方面具有高度的创新性、思想性和学术性，并具有重要的社会价值、文化价值、科学价

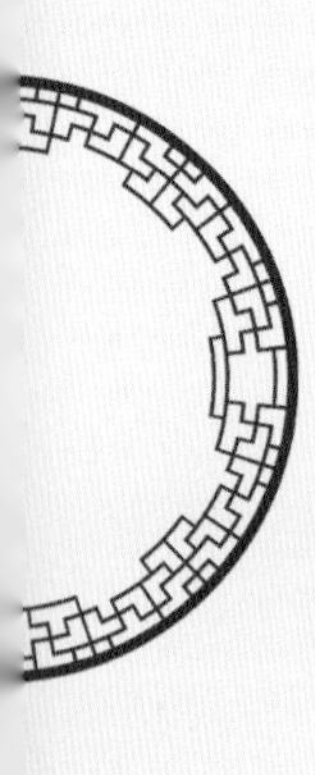

值和出版价值。

对中华传统食材的传承和创新是该丛书的重要特点。一方面，丛书对中国传统食材及文化进行了系统、全面、细致的收集、总结和宣传；另一方面，在传承的基础上，注重食材的营养、加工等方面的科学知识的宣传。相信“中华传统食材丛书”的出版发行，将对实现“健康中国”的战略目标具有重要的推动作用；为实现“大食物观”的多元化食材和扩展食物来源提供参考；同时，也必将进一步坚定中华民族的文化自信，推动社会主义文化的繁荣兴盛。

人间烟火气，最抚凡人心。开卷有益，让米面粮油、畜禽肉蛋、陆海水产、蔬菜瓜果、花卉菌藻携豆乳、茶酒醋调等中华传统食材一起来保障人民的健康！

中国工程院院士

2022年8月

序

中华饮食文化得益于我国广袤大地，根植于几千年的农耕文明之中，在上下五千年的历史长河中不断发展，并因其丰富灿烂屹立于世界民族之林。中国古语云“民以食为天，食以粮为先”，说明食品与粮食所产生的深远影响。中国人的传统饮食习俗是以植物性食料为主，水稻、玉米、小麦、马铃薯并称为中国四大传统主粮，以蔬菜为辅食，外加少量肉食。

近年来，我国对国民的全面健康尤为关注，并制定了《“健康中国2030”规划纲要》。党的十九大报告指出“人民健康是民族昌盛和国家富强的重要标志”，未来我国将沿着健康中国路线图扎实前行。而在影响人类健康的众多因素中，最直接和最重要的因素便是膳食。梳理并科普四大传统主粮的物种本源、营养及成分、食材功能、烹饪与加工等，将丰富主粮的营养学理论，有助于提升全民健康水平，让广大公众“不患病、少得病、晚生病、更健康”，助力积极主动应对老龄社会挑战的重大需求，践行健康中国战略任务，有益于实现健康老龄化和“健康中国2030”的战略目标。

本书深入浅出地从物种本源、营养及成分、食材功能、烹饪与加工、传说故事等方面介绍中国传统主粮，侧重主粮的营养及食用价值，并佐以精美的食物成品图，寓乐于文、引人入胜地科普我国四大主粮相关知识，融食、养、文、史于一炉，力争广征博引、索奇揭秘、阐微标新，使其既具有学术性、资料性、知识性的价值，又具备实用性、艺术性、趣味性和鉴赏性的特色。读者能从中获得中国四大主粮的基本知识、健康知识和烹饪知识，更能增添高品位的艺术享受，有助于更多的好学之士对我国的主粮文化有深入系统的了解。

一般而言，粮食作物是谷类作物、薯类作物和豆类作物的统称，亦可称食用作物。其中，谷类作物包括稻谷、小麦、大麦、燕麦、玉米、谷子、高粱等；薯类作物主要包括甘薯、马铃薯、木薯等；豆类作物主要包括大豆、蚕豆、豌豆、绿豆、小豆等。粮食作物被认为是农作物中的主导作物，世界粮食作物种植面积约占农作物总播种面积的85%，其中小麦、稻谷和玉米约占世界粮食总产量的80%。而我国则是世界上粮食生产与消费大国，粮食总产量及稻谷、小麦、甘薯的产量均居世界前列。

本书所介绍的主粮特指人工栽培的食材。

本书主要介绍中国传统食材中的主粮，即稻谷、小麦、马铃薯、玉米等内容。小麦、马铃薯和玉米类，采用先总论、后分论的撰写体例，在总论部分集中阐述小麦、马铃薯和玉米的物种本源、营养及成分、食材功能、烹饪与加工、食用注意等。在分论部分，根据小麦的分类，选择白小麦、红小麦、黑小麦、彩色小麦进行介绍。根据马铃薯的分类，介绍了红色马铃薯、黄色马铃薯、四格乌洋芋、紫罗兰洋芋、紫色马铃薯等。根据玉米的分类，介绍了爆裂玉米、白玉米、高蛋白玉米、高油玉米、黑玉米、糯玉米、笋玉米、甜玉米、珍珠黄玉米等。本书的特色是对不同种类的传统主粮的主要营养成分、食材功能、烹饪加工进行介绍，内容较为全面且重点突出，有利于读者了解和掌握中国四大传统主粮，根据食材的营养成分与食材功能选择合适的烹饪加工方法，掌握健康饮食的相关知识。本书在编写过程中注重实用性、科普性、趣味性，

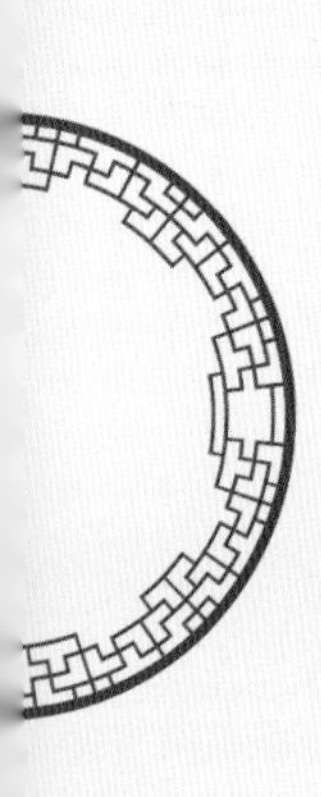

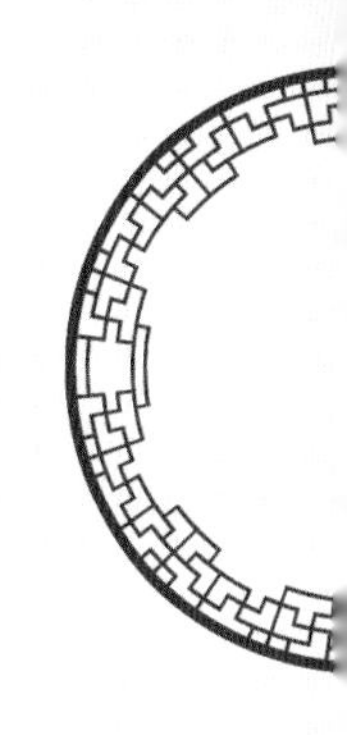

能够较好地将不同品种的主粮的食材特性、烹饪技巧、营养学知识有机结合起来，部分内容是编者在实际生活中，以传统主粮为原料，根据本书提供的烹饪方法而得的成品食物，具有很强的操作性。

本书由河南工业大学廖爱美，合肥工业大学孙亚赛、孙恺浓、魏兆军共同编写完成；河南工业大学研究生赵祎、张杰，合肥工业大学廖邵生参与了本书资料的整理工作，本书中的彩色小麦图片拍摄所用的原料由河南大学刘海富提供；江南大学朱科学教授审阅了本书，并提出了宝贵的修改意见，在此一并致谢。

由于时间仓促和水平有限，书中难免有错漏之处，敬请读者批评指正。

编　者

2022年7月

目录

大米之粳稻篇

粳米

粳米香味不寻常，煮出饭来像蜜糖。
去年三月吃一碗，今年四月嘴还香。

——《粳米》民谣

一、物种本源

种属名

粳米，为禾本科稻属一年生水生草本植物粳稻的种仁，又称白米、稻米、粳粟米。

形态特征

粳米外形为透明的椭圆形颗粒，表面光亮，由7000多年前的野稻进化而成现在的稻米。其在我国分布极广，为我国主要粮食之一，以外观完整、坚实、饱满、无虫蛀、无霉点、没有异物夹杂者为佳。

习性，生长环境

粳米比较耐寒冷，目前主要种植于我国的黄河流域、北部和东北部地区。

粳　稻

二、营养及成分

每100克粳米所含主要营养成分见下表所列。

碳水化合物	76.3克
蛋白质	7.3克
膳食纤维	0.9克
脂肪	0.3克

粳米还富含维生素B族及矿物质钙、磷、钾、钠、镁、铁、锌、硒、铜、锰等。

三、食材功能

性味 味甘，性平。

归经 归脾、胃、肺经。

功能 粳米有益气、止烦、健脾养肾、固肠止泻、强筋健骨、益精强志、聪耳明目的功效。

四、烹饪与加工

粳米常见的烹饪加工方法有两种，即熬成粥和制成米饭。按常规的方法将粳米熬成粳米粥，有利于消化道对粳米营养的消化和吸收，但不可添加能破坏其中维生素的碱。采用“蒸”的方式将粳米制作成粳米饭，以避免大量维生素的流失。此外，我们也可以把粳米作为原材料，制作炒饭或者粳米糕等。

粳米营养粥

粳米炒饭

五、食用注意

糖尿病患者不宜多食用，也不宜长期煮粥食用，以免糊化淀粉转化成糖，加速消化系统对糖的吸收。

小小的“大米”

古人说：“民以食为天”，也就是说，吃饭是民生的根本。而粳米在中国人的生活里，扮演着极为重要的角色。古人结婚，亲友往往会送上一对米袋，取代代有米之寓意。但你可知道这小小的米粒，为什么偏偏叫“大米”吗？相传很久以前的粳米，比现在的大几百倍。人吃饭时，就像啃馒头。即使饭量最大的人一餐也顶多吃上三四粒就饱了，因此当时就取“大”字，称为“大米”。当时的水稻高大如现在的桃树一般，单棵稻能产五六百斤谷子。当时的收获季节，人们就像摘果子一样从高处采摘稻粒。家家户户都余粮丰富。由于粮食产量高，人们不用为生计奔波，就成群结队地上山打猎，敲着锣鼓，吹着号角，把好端端的山林弄得鸡飞狗跳！山神都烦透了，就去天神那里告状。

好多人还学会了赌博，把存的余粮输光了，就去摘没熟的大米去赌。有些输急眼的连稻谷都拔了去翻本。土地公看着又生气又心疼，也去天神那里告状。

天神看到人间的民众如此浪费粮食很是愤怒，将人间的大米全部收回天上，连种子也不给凡人留。凡人吃不到米，饿得面黄肌瘦。饥饿难耐的狗用嘶哑哀求的声音对着老天吠叫了七天七夜。天神念狗的可怜与无辜，就洒下了一些碎米喂狗。凡人发现这些碎米就赶忙拿这碎米去种，种出来的谷子，就是现在吃的这种小小的米粒。

人们要报答狗恩，每年吃新米饭时，第一碗饭一定要舀给狗吃。直至今日，这些细碎的米粒仍被称为“大米”，也是告诫现在的人们，即使一时富足也要厉行节约，不能浪费粮食。等所有人都知道珍惜粮食时，那种传说中的“大米”，就有可能重返人间哟。

珍珠米

百衲畲山青间红，粟茎成穗豆成丛。
东屯平田粳米软，不到贫人饭甑中。

——《夔州竹枝歌九首（其六）》
（宋）范成大

一、物种本源

种属名

珍珠米，为禾本科稻属一年生水生草本植物粳稻的种仁，粳米中的一种。

形态特征

外观晶莹透亮，如珍珠一般。食味像大米，比大米口感好；所含的营养成分类似小麦，甚至高于小麦；形状及长势像高粱，籽粒洁白如玉。

习性，生长环境

珍珠米属于旱粮作物，耐旱、耐瘠薄。南方、北方、高山、平原均可种植。宁夏地处我国西北部的内陆高原，气候干燥，日照时间长，昼夜温差大，土地肥沃。黄河在其境内绵延400余公里，为当地人民引流灌溉、种植稻米提供了良好的天然条件，由于其适宜的地理环境，所产大米品质优秀，历来享有“珍珠米”的美誉。古时宁夏珍珠米一直为皇室所青睐，被作为贡米进贡。

二、营养及成分

每100克珍珠米所含主要营养成分见下表所列。

碳水化合物	76.3克
蛋白质	7.3克
膳食纤维	0.9克
脂肪	0.3克

三、食材功能

性味 味甘，性平。

归经 归脾、胃、肺经。

功能 珍珠米具有益气补中、健脾养胃、止泻、清肺等功效。

四、烹饪与加工

香菇鸡肉粥

（1）材料：鸡肉、香菇、珍珠米、芹菜、油、盐。

（2）做法：先将鸡肉、芹菜、香菇改刀切小块后炒熟备用；然后将珍珠米冷水下锅，中火烧沸后改小火炖煮40分钟；最后加入炒好的鸡肉、香菇和芹菜，即可食用。

香菇鸡肉粥

五、食用注意

（1）珍珠米适宜与桂圆搭配吃，补元气。

（2）珍珠米适宜与枇杷搭配吃，生津止渴。

（3）珍珠米适宜与板栗搭配吃，可健脾补肾。

珍珠化米

很久以前，白洋淀还是一片沼泽。沼泽中有座小土岭，人们称它为“西岭”。西岭旁边住着一个以捕鱼为生的小伙子，为人忠厚善良，因为喜欢青蛙，人们都叫他“蛙郎”。

有一天，蛙郎下河捕鱼，忽听得青蛙凄凉的叫声，连忙循声找去，只见一条大蛇正在吞吃一只青蛙。情急之下，他用鱼叉把蛇刺死，救下青蛙。他看到青蛙后腿伤势很重，便把它捧回家中为它疗伤。十来天过去了，见青蛙伤已痊愈，蛙郎便去放生。只见这青蛙眼含泪水，一个劲地向他点头示谢，随后一头扎进水里不见踪迹。

当天晚上，蛙郎梦见青蛙对他说：“救命之恩，我无以为报。送你一把钥匙，能开西岭南面的水草门。进门后，你别的不要拿，每只手抓把珍珠就快出来，切记！要快出来！”蛙郎醒来后，觉得很奇怪。他翻身坐起来，发现枕边真有一把金灿灿的钥匙！

蛙郎决定去看看，就把这事告诉了知心伙伴阿水。他想，阿水家也很困难，让他也拿点财宝出来，日子不就好过了吗。

蛙郎手拿钥匙，阿水身披口袋，二人直奔西岭。果然在一片浓密的水草中找到了“水草门”！蛙郎用钥匙一插进门锁，就听“咣当”一声响，门开了。霎时间，金光闪烁，照得他俩双眼难睁。只见山洞里五光四射，到处堆满了金银财宝。阿水直奔一堆金元宝，打开口袋装了起来。蛙郎依照梦中青蛙所言，找到珍珠堆，两手各抓一把就快速出门。一边走一边叫：“阿水，出来呀！快出来呀！”

阿水却贪恋金银，一边紧装一边答道：“我再装几个。”这时，只听“哗啦”一声响，洞口塌了。阿水被压在一块大石头下面，动弹不得。蛙郎慌了神，甩掉手中的珍珠，用力往外拉阿水。可是水又漫了上来，蛙郎只能流着眼泪看阿水被淹没在水中。

第二年春季，在蛙郎洒珍珠的地方，长出来一片水稻。人们秋季收割后，把稻谷舂去皮，即呈现出粒粒珍珠似的小米，渔民们称之为“珍珠米”。

胭脂米

京畿嘉谷万邦崇，玉种先宜首善丰。
近纳神仓供玉食，全收地宝冠田功。
泉溲色发兰苕绿，饭熟香起莲瓣红。
人识昆仑在天上，青精不与下方同。

——《食味杂咏》（清）谢墉

一、物种本源

种属名

胭脂米，为禾本科稻属一年生水生草本植物胭脂稻的种仁，原产于我国河北省，目前已经有上千年的种植历史。

形态特征

胭脂米不仅名字优雅，而且确实“米如其名”。胭脂米脱壳后米粒呈粉红色，加水炖煮后，颜色如胭脂般鲜艳，因此这种水稻也得名为胭脂稻。胭脂米有别于我国南方种植的红米。胭脂米是米粒较短的粳米，而红米是米粒较长的籼米。

习性，生长环境

胭脂米生长期为130～140天，生长环境苛刻，需海拔1000米以上的高山环境；在无污染、相对封闭、被天然冷泉水浸润的、有机物丰富的土壤中生长；不能使用农药、化肥等外源试剂。

二、营养及成分

胭脂米中的营养元素，如钙、钾、镁、铁、锌等含量均高于普通稻米，其中镁高出606.7%，铁高出277.3%，镁高出5倍（达2062.6 ppm）氨基酸高出近2倍，此外，胭脂米富含硒、维生素B族、维生素E、黄酮、强心苷等。

三、食材功能

性味 味甘，性温。

归经 归脾、胃经。

功能 胭脂米具有美容养颜、安神、排毒、减肥、预防心血管疾病、降血脂、产后滋阴养血、抑制机体的炎症反应和过敏症状、提高免疫力等功效。

四、烹饪与加工

胭脂米粥

（1）材料：胭脂米、普通大米。

（2）做法：将胭脂米淘洗干净，浸泡8个小时，然后连同浸泡水一起放入微压锅或普通电饭锅中，加入适量普通大米，加水至适量，煮熟转为保温状态后多焖一会儿再开锅食用。

胭脂米粥

胭脂米养颜汤

（1）材料：胭脂米、银耳、枸杞。

（2）做法：将胭脂米淘洗干净，浸泡充足，连同浸泡水转移至锅中，加入洗净的银耳及枸杞等，煮熟即可。

胭脂米养颜汤

五、食用注意

（1）胭脂米由于种皮未去，煮粥、做饭难以软熟顺口，故在烹煮前24小时就要浸泡。

（2）烹食时不可加碱，否则绝大多数胭脂米营养被破坏。

（3）胭脂米在淘洗时，不可用力搓揉，防止营养流失。

胭脂米的故事

据清朝光绪十年的《玉田县志》记载，胭脂米最早的文字记载来源于清朝康熙年间，而真正被人们知晓则是来源于曹雪芹的《红楼梦》。

《红楼梦》第五十三回中曾经提到黑山村的村民给宁府送年租，年租中就包括“御田胭脂米二担”。而贾母就点名要以这种胭脂米煮制的粥，尝之香气馥郁，不似凡品，即命人专门给凤姐端了些去。贾母平素极疼爱王熙凤，有好东西都要分给她吃，由此足见此米可以被称为珍馐味美的佳品。

到了乾隆年间，胭脂米作为皇家御米曾广泛种植于丰泽园。慈禧太后早膳也最喜欢胭脂米粥。

20世纪70年代初，毛主席在中南海丰泽园居住期间，当读《红楼梦》时看到有关“胭脂米”的这段故事，产生了极大的兴趣。后来农业农村部专家在河北找到了胭脂米，毛主席还多次以此米款待外国宾客。

1972年，日本原首相田中角荣访华时，见到“胭脂米”，竟识得此米，说是自己“平生吃过最美味的东西”！田中角荣回国时，竟向毛主席索要此米。最后，硬是用3辆三菱越野车换了胭脂米的种子！原来这小小的胭脂米在我国外交史上也有一席之地。

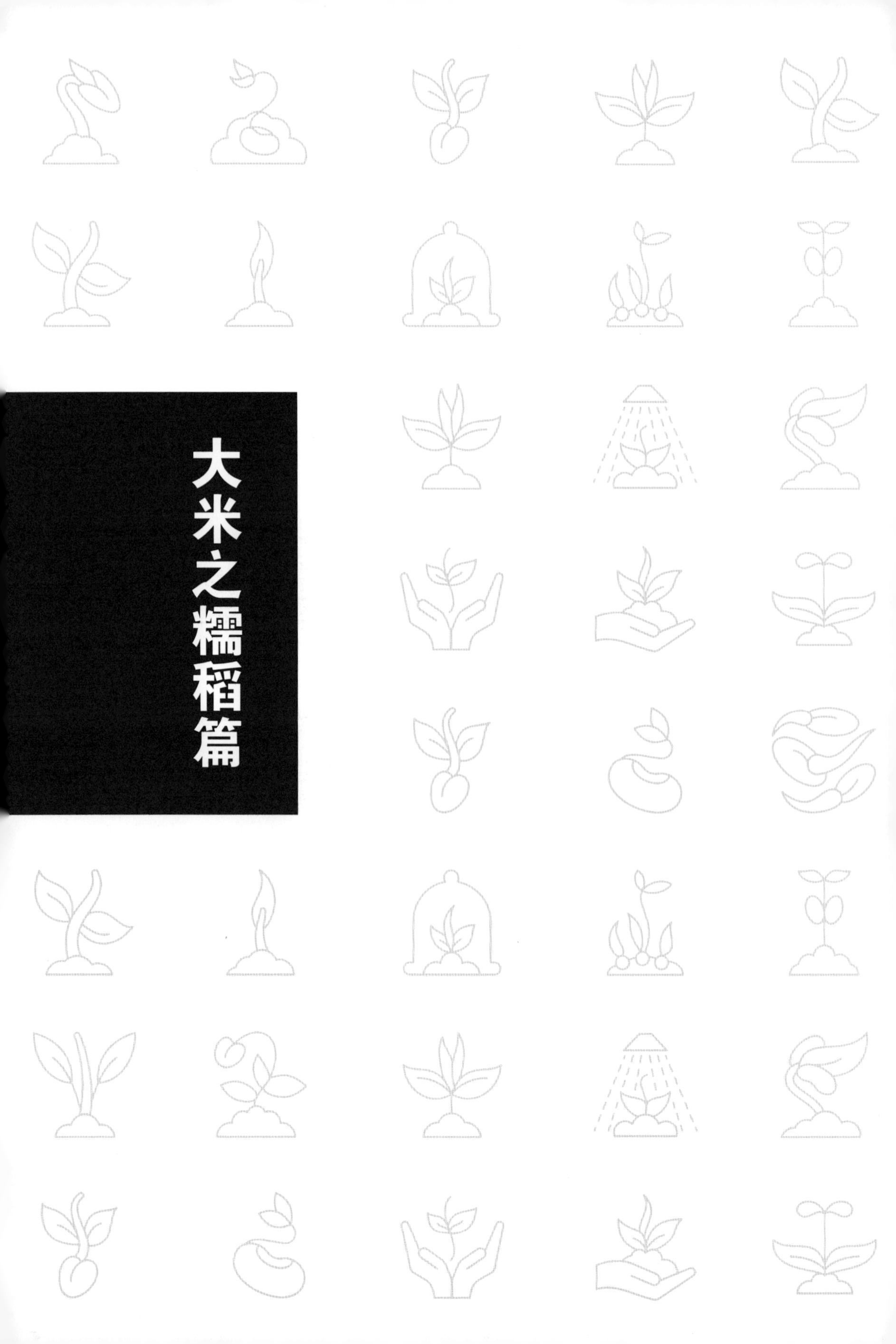

大米之糯稻篇

糯米

天赐美食喜多多，正月初一元宝团。
十五元宵甜乎乎，五月端阳粽飘香。
九月初九僧食粥，廿四饴糖送灶哥。

——《糯米》民谣

一、物种本源

种属名

糯米，为禾本科稻属一年生水生草本植物糯稻的种仁。糯稻分为粳型糯稻和籼型糯稻，我国北方稻区主要以前者为主，南方稻区则都有。

形态特征

糯稻高1米左右。秆直立，圆柱状。叶鞘与节间等长。按谷壳颜色，糯米可分为红糯、白糯、紫糯三种，其中以不透明的白糯为主。

习性，生长环境

糯米因其含直链淀粉极少，故在米中黏性最大，胀性最小，全国多省均有栽培。长糯米生长在南方，因气候原因，每年可以收获两季或三季；圆糯米生长在北方，气候较冷，所以只能收单季。

糯　稻

二、营养及成分

每100克糯米所含主要营养成分见下表所列。

碳水化合物	78.3克
蛋白质	7.3克
脂肪	1克
膳食纤维	0.8克

三、食材功能

性味 味甘，性温。

归经 归脾、胃、肺经。

功能 糯米具有温补强壮、补中益气、健脾养胃、止泻、止虚汗、安神益心、调理消化和吸收作用，对脾胃虚弱、体疲乏力、多汗、呕吐与经常性腹泻、痢疾有舒缓作用。

四、烹饪与加工

桂花糯米藕

（1）材料：莲藕、糯米、鲜桂花、红枣、冰糖、红糖、桂花蜂蜜。

（2）做法：将莲藕洗净去皮。糯米淘洗干净后加入鲜桂花浸泡2～3小时，使糯米中带有桂花的清香；莲藕一端切掉2～3厘米后作为盖子备用，将浸泡好的糯米填入莲藕孔隙中；填满糯米，用牙签固定盖上的藕蒂盖；糯米藕冷水下锅加入红糖、红枣，大火开锅后小火炖煮半小时，加入适量冰糖炖煮15分钟。炖煮过程中为了更好地入味，需要不断地淋汤汁到藕上面。糯米藕煮好后切片即可食用，淋上桂花蜂蜜味道更佳。

五、食用注意

（1）湿热痰火偏盛的人，凡发热、咳嗽痰黄、黄疸、腹胀之人忌食。发热时患者的胃肠道处于相对抑制的状态，因此应吃些流食等容易消化的食物，否则会加重病情。

（2）糯米性黏滞，不易消化，因此脾胃欠佳者不宜多食。

（3）老人和儿童不宜多吃。糯米黏性大，老人和儿童如果吃得多了，极易导致消化不良，产生腹胀、腹痛、腹泻等症状。

“乌米饭”的传说

我国素有立夏吃乌米饭的习俗。用乌饭树叶的汁水将糯米染黑后食用，这源于一个民间传说。

相传在春秋战国时期，“兵圣”孙武的后代孙膑曾和魏国大将庞涓一起拜鬼谷子为师学习兵法。由于庞涓心术不正，老师将更多的兵法精华教给了孙膑。庞涓为了得到兵书，将孙膑骗来魏国，并剜去了他的髌骨，后将他关在马厩中，企图以此来折磨他交出兵书。

但是魏国的狱卒同情孙膑的遭遇，这名狱卒偷偷地用乌饭树叶捣烂浸汁拌糯米，蒸熟后制成丸子大小，偷偷送给孙膑食用。因为这乌米饭的形状与颜色和马粪相似，才躲开了庞涓的监视，最终使得孙膑未被饿死。

紫米

燕燕雏时紫米香，野溪羞色过东墙。
诸儿莫拗成蹊笋，从结高笼养凤凰。

——《竹十一首（其八）》
（唐）陈陶

一、物种本源

种属名

紫米，为禾本科稻属植物的种仁，属于糯米类，又名紫糯米、接骨糯、紫珍珠等，是比较珍贵的水稻品种，分紫粳、紫糯两种。

形态特征

紫米颜色呈紫黑色，米粒细长，颗粒比较均匀，味美而香甜。

习性，生长环境

紫米生长环境较为苛刻，仅湖南、四川、贵州、云南、陕西、湖北等地有少量栽培，比较有名的是湖南紫鹊界秦人梯田和云南墨江，地理条件得天独厚。其中，紫鹊界秦人梯田，利用地下矿泉水形成独特的天然灌溉系统，旱涝保收，海拔500～1000米，常年云雾缭绕，昼夜温差大，所产的紫鹊界贡米富含多种有益的矿物质，弥足珍贵，被乾隆皇帝列为贡米，成为皇家高贵的象征。云南墨江地处低纬度山地，气温变化小，雨水充沛，海拔1000～1600米的无污染的哈尼梯田上空气清新，光热资源丰富，光合作用充分，因而孕育了久负盛名的墨江香紫米。

二、营养及成分

紫米富含色氨酸、赖氨酸、叶酸、维生素B等营养物质，富含钙、磷、铁、锌等多种元素，具有健肾润肝、益气补血、滋阴收宫等功效，享有“长寿米”“补血米”等美誉。

（1）蛋白质含量高且氨基酸组成全面。相较于籼稻品种，紫米中蛋白质含量高出1.4%。

（2）淀粉含量高。紫米中淀粉含量高达70.1%，能够充分为人体提供日常所需要的热量。经常食用紫米可以起到保肝解毒和抗酮体等作用。

（3）纤维素含量高。紫米中粗纤维含量高达1.3%，大量的纤维素可以增加肠胃蠕动、增加粪便体积、减少胆固醇吸收等。因此，长期食用紫米可以有效降低患肠道疾病的风险。

三、食材功能

性味 味甘，性温。

归经 归脾、胃、肾经。

功能 紫米具有补血益气、滋补肝肾、健脾暖胃、止咳喘、缩小便等功效。

四、烹饪与加工

与普通大米的食用方式相比较，紫米中含有更多的纯天然色素和氨基酸（尤其是色氨酸），因此不适合大力揉搓，以免营养流失。将洗米水与紫米一起蒸饭具有更高的营养价值。

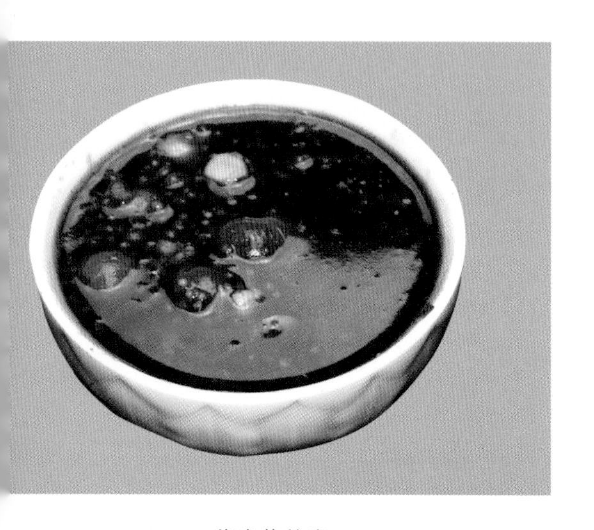

紫米营养粥

紫米营养粥

（1）材料：紫米、普通大米、红豆、莲子、桂圆等。

（2）做法：将紫米与普通大米淘洗干净后按照2∶1的比例混

紫米饭

合，再加入洗净的红豆、莲子、桂圆等辅料，倒入适量清水，用高压锅煮30分钟，制得紫米营养粥。辅料部分可以按照个人的口味加入。

紫米饭

（1）材料：紫米、普通大米。

（2）做法：将紫米洗干净，浸泡5~7小时，然后按照1∶3的比例将紫米与普通大米混合，选用高压锅煮饭可以获得更好的口感。

紫米糕

（1）材料：紫米、糯米、冰糖、蜜红豆、白芝麻。

（2）做法：先将紫米洗干净，泡水6~8小时后沥干水分备用；接着将洗干净的糯米和泡过水的紫米拌匀，再加入一杯水，放入电饭锅内蒸约30分钟；然后将煮熟的糯米饭趁热加入冰糖拌匀至熔化；最后将蜜红豆加入糯米饭中，做成方形的紫米糕，撒上白芝麻即可。

五、食用注意

患有消化系统疾病的人群不宜食用。

以米为药

传说建宁公主在她刚满13岁的时候，就被指婚给吴三桂之子吴应熊。这场政治联姻，实际上是为了笼络吴三桂，所以建宁公主是一百个不愿意。可是皇命难违，建宁公主只能远嫁云南。

也许是云南地处偏僻，气候与京城大不相同，也许是舟车劳顿，又或许是建宁公主年幼体虚，反正公主到了云南后，身体状况越来越差，面色苍白，手脚冰凉。严重的时候，还会突然晕倒。请了许多大夫，开了无数药剂，也不见起色。大夫们说，公主的病怕是要请京城里的御医来诊断啊！吴三桂担心皇帝怪罪自己没照顾好公主，不敢请御医。可是眼见公主消瘦下去，万一有个好歹，自己可担当不起。一时间，他不知如何是好。

话说有一日，建宁公主感觉精神不错，便要出门去透透气。不知不觉来到一处村落，山好水好，公主便游览半日，直到日落西山。公主来了兴致，不想早早回府，便借宿一户人家，打算住上数日。吴三桂见公主难得开心，也未加阻拦。几天下来，建宁公主发现这户人家有个奇怪的举动：每日晚饭之后，家中女子还要再吃一碗紫黑色的米饭。

临走这天，公主禁不住问道：“你们是没吃饱吗？为何饭后还要吃饭？还有，这饭怎么不是白色，却是紫黑色，是加了什么东西？”

这户人家的妇人说道：“你不是本地人，你不知道。我们吃的这紫米呢，是米，也是药！”

“是药？你们患了什么病？”建宁公主顿时好奇起来。

“也不是什么大毛病，就是手脚冰凉，气血不足，女人常见的小毛病。每日吃一碗紫米粥，能滋阴补肾，健脾暖肝，明目活血。”

建宁公主一听，这说的不正是自己的症状吗？于是暗暗留心，回去后差人打听。听说云南红河县的紫米最佳，便差人寻来每日熬粥食用。半年之后，症状全无，身体健康。

后来，康熙皇帝亲自尝了这紫米，也是赞不绝口。从此，紫米成了贡米，在丰泽园御田内播种。

大米之籼稻篇

丝苗米

家家籼米与香红，客子餐腴复醉醲。
但使普天无横吏，人间何处不春风。

——《自武义入松阳道中三首（其一）》（宋）项安世

一、物种本源

种属名

丝苗米，为禾本科稻属植物籼稻的种仁，是岭南地区极具特色的优质稻米。

形态特征

丝苗米的谷壳为金黄色，米粒细长状，颜色洁白，由于丝苗米的油脂丰富，因此表面呈现光泽感。

习性，生长环境

丝苗稻是广东增城的特优水稻品种。增城地处丘陵地带，北回归线由境内通过，属于亚热带季风气候，年平均气温为21.6℃，田园土壤多沙质地。尤其是丹邱白水寨附近，灌溉用水乃白水山岩之涌泉，含多种稻类生长所需的微量矿物质，结出的穗粒饱满，米质好；相反，如果生长在肥沃的土壤里，产出的丝苗米反而变差，这就是“丝苗靓米多出增城”的缘故。

二、营养及成分

丝苗米中碳水化合物主要为淀粉，是维持人体功能的主要能源。其所富含的蛋白质主要是米谷蛋白，因此，丝苗米有较高的营养价值。丝苗米的直链淀粉含量为16%~24%，蛋白含量为6%~8%，增城丝苗米的脂肪含量为0.3%~0.9%，有些丝苗米中不饱和脂肪酸含量超过50%。

三、食材功能

性味 味甘，性温。

归经 归脾、胃、肺经。

功能 丝苗米作为人体所需营养素的基础补充食物，具有和胃健脾、益气补血、清肺等功效。

| 四、烹饪与加工 |

煲仔饭

煲仔饭作为岭南的特色食物，一般选用丝苗米为原料，因为丝苗米味道浓郁，米身修长。

煲仔饭

丝苗米饭

（1）淘米：主要是为了除去丝苗米表面少量的糠粉。加入足量水，顺逆时针各10次。

（2）加水：米和水的比例为1∶1.3。加水量的多少在一定程度上会影响米饭的软硬。

（3）泡米：煮饭前最好将丝苗米浸泡下，口感将更好，一般建议浸泡时间为30~45分钟。

（4）煮饭：一般煮后保温20分钟左右食用口感更佳。

（5）松饭：焖饭后，将米饭打松，散去表面多余的水分，米饭将更加油亮，口感将更加软糯。

丝苗米饭

五、食用注意

（1）血糖高的人少吃。

（2）糖尿病患者不宜多食。

“万年贡米”的来历

传说，在南北朝时期，荷桥村有一种野生稻，开花不育。后来，当地人在引种婺源早稻时，忽然发现这种野生稻扬花结穗的谷粒长三分，故号称“三粒寸”。

据说明武宗南巡，梦见江南有“千斤冬瓜，寸长籼米”，便差人查访。官吏访得此米后，上报朝廷。明武宗食后大加赞赏，当即下旨荷桥村，“代代耕食，岁岁纳贡”，这便是江西省万年县裴梅镇荷桥村的传统名品“万年贡米”的来历。清时各州县纳粮送京，必待万年贡米运到，方可封仓。

如今万年贡米也是钓鱼台国宾馆指定国宴用米。万年贡米，是籼米中的佼佼者，有“一亩稻花香十里，一家煮饭百家香”之誉。万年贡米中又以丝苗米为上品，粒大而长，形状如梭，色如白玉，质软赛糯，味道浓香，营养丰富，誉盖五谷。若用贡米酿酒，则浓而不烈，醇香异常。

桃花米

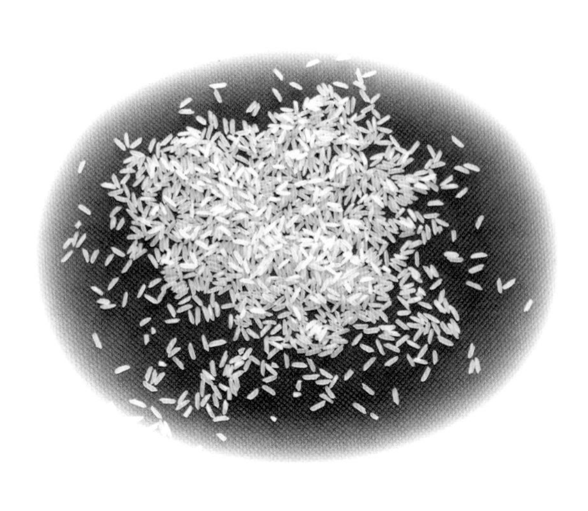

水满寒塘菊满篱，篱边无限彩禽飞。
西园夜雨红樱熟，南亩清风白稻肥。
草色自留闲客住，泉声如待主人归。
九霄歧路忙于火，肯恋斜阳守钓矶。

——《题汧阳县马跑泉李学士别业》（唐）韦庄

一、物种本源

种属名

桃花米，为禾本科稻属植物籼稻的种仁，又称香米、贡米。

形态特征

桃花米属籼型稻米，米粒大而匀称，品质优良，色泽白中泛青，晶莹剔透。米粒偏长，腹白小。蒸出的米饭黏度和油性适中，芳香四溢，口感绝佳。米粒胀性强，具有绢丝光泽。桃花米因碾出的米粒外有一层红衣，煮成的米饭两头张开，好似桃花，故称“桃花米”。

习性，生长环境

桃花米产于四川省达州市宣汉县桃花镇、陕西省宝鸡市千阳县。宣汉县是巴人发祥之地，早在公元前1000年以前，就是一个古老的稻区。尤其是该县桃花镇一带气温适宜，雨量充沛，昼夜温差大、生长期长，阳光、水源充足，土壤含硒，形成了桃花米的独特品质。从唐朝开始，宣汉桃花米就已出名，并作为贡米供奉给皇帝，因而美名传播四海。

二、营养及成分

经中国农业科学院分析测定，桃花米含蛋白质13.1%，其中赖氨酸0.3%，粗脂肪4.3%，富含铁、磷、钙、胡萝卜素和维生素等多种元素，而粗纤维的含量又是几种主要粮食作物中最低的。此外，桃花米含有较高的人体不可或缺的色氨酸、蛋氨酸，蛋白质、脂肪含量比较高，使其口感别具风味，具有美容养颜、提亮肤色、补中益气、健脾养胃等特殊的药用保健功效，是孕妇、儿童、中老年人所需的营养佳品。

三、食材功能

性味 味甘，性温。

归经 归脾、胃、肺经。

功能 桃花米含有较高的营养元素，因其富含维生素，可预防脚气、口腔炎症，具有补脾、和胃、清肺、补中益气、健脾养胃、益津强志、和五脏、通血脉、聪耳明目、止烦、止渴、止泻等功效。

四、烹饪与加工

桃花米饭

（1）材料：桃花米。

（2）做法：将桃花米洗净后按常规方法蒸煮米饭。煮出的米饭黏度适度、油性适度、胀性强、米不断腰、香气横溢、具有绢丝光泽、吃起来有糯性且滋润芳香。

桃花米饭

五、食用注意

桃花米老少皆宜，而且桃花米煮熟后，米粒松散、口感偏硬，但这种米易消化，因此十分适宜老人和小孩食用。

桃花贡米

据说早在唐朝开元年间，宣汉县桃花乡刘家沟村的大米就已驰名，并作为贡米供奉给皇帝，因而美名传播四海。

唐朝大诗人元稹在达州府任知府时，于阳春三月外出踏青。当元稹乘舟顺河而上，行至宣汉县境内东林河时，有当地人送来刘家沟大米供奉。他看到这种大米剥壳后，面似桃花，质地滋润，颗粒饱满，体形修长。煮后饭粒晶莹如雪，味道香甜爽口。更神奇的是，米饭两头开花中间不断腰，像一朵朵小小的桃花，煞是好看！

元稹饱尝之后，赞不绝口，著诗颂曰："倚棹汀江沙日晚，鲜花野草桃花饭。长歌一曲烟霭尽，绿波清浪又当还。"宣汉桃花米因此而闻名于世。

到了明清时，桃花米甚至成了当地富绅追求高官厚禄的贿赂品。据说清朝嘉庆年间，宣汉县乡绅罗思举，用桃花米向嘉庆皇帝讨得了兵马元帅一职。中华民国二十八年（1939年），宣汉乡绅黄保轩背着一袋桃花米，献于重庆高官，竟得了宣汉县县长一职。

当然，这些故事可能是当地百姓对官场腐朽的一种讽刺，但换个角度来看，又何尝不见桃花米之魅力呢？

籼米

吾田每候落潮耕，海水多咸却易生。
籼米占城难得种，大禾南越最知名。
筑场且喜浮沙少，晒谷偏宜霁日明。
种秫无多难酿酒，祗应不饮过秋声。

——《刈稻·吾田每候落潮耕》
（清）屈大均

一、物种本源

种属名

籼米，为禾本科稻属植物籼稻的种仁，又名长米、仙米等，属于稻米中胀性大、黏性差、粒细长的一个品种。经考古学家考证，籼稻也是由野生稻人工培育改良进化而来的，至今籼米尚且保留野生稻米粒细长的痕迹。

形态特征

籼米外形较短且较厚实，米粒外形细长，米色较白，透明度比其他种类差一些。按米粒长度，可将其分为粒形长圆的中粒米和粒形细长的长粒米。

籼　稻

习性，生长环境

籼米作为我国的主粮，在全国范围内，除高山地区外均有普遍栽培。一般籼稻起源于亚热带地区，主要生长在广东、湖南等降水量比较高的地方，品质以早、中熟者为佳，晚熟者次之。

二、营养及成分

每100克籼米所含主要营养成分见下表所列。

碳水化合物	77.5克
蛋白质	7.9克
膳食纤维	0.8克
脂肪	0.6克
烟酸	1.4毫克
维生素E	0.5毫克
硫胺素	0.1毫克

三、食材功能

性味 味甘，性微温。

归经 归心、脾经。

功能 籼米温中健脾、益胃养荣、长肌肤、调脏腑，对脾胃虚弱所导致的反胃呃逆、虚烦口渴、水肿、小便不利、泄泻等疾病的康复有益。

干贝鸡肉粥

（1）材料：籼米、鸡肉、盐、干贝、胡椒粉、料酒、生姜、猪油。

（2）做法：将干贝洗净，撕碎；鸡肉洗净切丝，两者一起放入盘内；加入料酒，上蒸锅蒸至烂熟。将籼米用清水洗净，提前用冷水浸泡1小时，捞出控干水分。

锅中加入控干水分的籼米及清水约1500毫升，大火煮沸；之后加入准备好的鸡肉丝、干贝，改为小火熬制。粥将成时加入胡椒粉、姜末、猪油、盐，再稍煮片刻，即可食用。

干贝鸡肉粥

青菜瘦肉粥

（1）材料：青菜、籼米、瘦猪肉、猪油、盐、味精。

（2）做法：将籼米用清水洗净后浸泡，青菜择洗干净切小段，瘦猪肉洗净、剁成肉末。锅中加入浸泡好的籼米及清水约1200毫升，大火煮沸。直至米粒快开花时加入肉末，继续煮至米烂肉熟，最后放入青菜、盐、味精、猪油，搅拌后即可食用。

青菜瘦肉粥

| 五、食用注意 |

（1）因籼米直链淀粉含量高，质地较松，易吸水，故变质而发黄的籼米对人体有害，不要食用。

（2）煮籼米粥时不要加碱，因碱会破坏籼米中所含的维生素B，而降低其营养价值。

扬州“碎金饭”

以扬州城命名的“扬州炒饭”风靡世界，可以说有华人的地方就有“扬州炒饭”。这小小炒饭代表了中华民族的饮食文化，可不是一碗家常“蛋炒饭”这么简单。其前身为御宴食谱《食经》中记载的“碎金饭”。

相传“碎金饭”发明者是隋朝权倾朝野的越国公杨素，用软硬适度、颗粒松散的籼米与鸡蛋翻炒，有一种“银碎金飞万点沙”的意境。隋炀帝出生于北方，本来喜欢面食，但是看到这色香味俱全的“碎金饭”也是胃口大开，欲罢不能。后来隋炀帝巡游京杭大运河，龙舟三下扬州，也将这饭菜合一、方便美味的“碎金饭”带到扬州，进而传至运河沿线各地。

最终，“碎金饭”成了“扬州炒饭”，由宫廷秘制“飞入寻常百姓家”，变成了大众美食。

大米之其他篇

香米

碧江凉冷雁来疏，闲望江云思有余。
秋馆池亭荷叶歇，野人篱落豆花初。
无愁自得仙翁术，多病能忘太史书？
闻说故园香稻熟，片帆归去就鲈鱼。

——《江亭晚望》（唐）赵嘏

一、物种本源

种属名

香米，为禾本科稻属植物籼稻的种仁，是一种具有特殊香味的优质稻米。

形态特征

香米禾秆细长，株高110~140厘米，株型松散，分蘖力差，不耐肥，易倒伏，但耐渍、抗病，成穗率高。叶成剑形，短而窄，抽穗整齐，成熟一致，不易落粒。穗长20厘米左右，穗大呈赤铜色，每穗80~110粒，千粒重28~33.5克。谷粒尖端有一根3~5厘米的长紫色谷芒，锋利刺手。

习性，生长环境

我国地域辽阔，水稻产量约占全世界的35%；香稻资源亦非常丰富且分布广泛，主要分布在云南省、贵州省、太湖流域和苏北地区。云南的文山州、红河州、德宏州以及哀牢山区等地，贵州东南自治州的从江、榕江、黎平等地，及太湖流域及苏北地区，皆具有良好的土质及充足的养分，这些为香稻高产和优质提供了基础条件。不同的土壤性质会对香稻的质量产生影响。与非香稻产地相比，香稻产地土壤的碱解氮、全氮、全磷、速效磷、有机质的含量明显较高，香稻植株茎叶中的氮、磷、钾含量也比普通稻米要高。

二、营养及成分

每100克香米所含主要营养成分见下表所列。

碳水化合物	72.4克
蛋白质	12.7克
脂肪	0.9克
膳食纤维	0.6克
磷	106毫克
钾	49毫克
钠	21.5毫克
镁	12毫克
钙	8毫克
铁	5.1毫克
烟酸	2.6毫克
锰	1.8毫克
维生素E	0.7毫克
锌	0.7毫克
铜	0.5毫克

三、食材功能

性味 味甘，性平。

归经 归脾、胃经。

功能 香米有补中益气，健脾养胃，和五脏、通血脉，聪耳明目，止烦、止渴、止泻的功效。

（1）润肠通便。香米的米糠层中含有的粗纤维成分，有助于肠胃消化，对治疗便秘、痔疮有一定的疗效。

（2）健脾养胃。以香米煮粥，可中和胃酸，缓解胃痛，被誉为“天下第一补人之物”。同时香味可缓解身体疲劳，有利于增进食欲。另外香米还可用于制作米酒、米糕等食品，风味极佳。

（3）提高免疫力。香米中的蛋白质、脂肪、维生素含量较多，多吃能提高人体免疫功能，促进血液循环，维持人体气血运行，宜于治疗血瘀症。

四、烹饪与加工

冰糖香米粥

（1）材料：香米、冰糖。

（2）做法：将香米用清水洗净，放入锅中加适量清水，煮开以后再用中小火煮半小时左右，直到锅中的粥软糯黏稠，加入冰糖调味，等冰糖全部化开以后，即可食用。

冰糖香米粥

五、食用注意

糖尿病患者要少吃。

仙女香米

相传七仙女回到天庭时已有身孕，数月后孩子被送回人间。在孝感王母湖边董家大湾，憨厚老实的董永悲喜交加，他既当爹又当妈，含辛茹苦地拉扯着孩子，靠在王母湖边耕种几亩水田艰难度日。

远在天庭的七仙女，无时无刻不思念董永和孩子，更为他们的生计操心。怎样才能帮助勤劳善良的丈夫改善生活呢?

一天，瑶池仙会，各路神仙带来的奇花异草数不胜数。南极仙翁奉上的一袋香米，引起众仙关注。只见这香米，粒饱满圆润，洁白如珠，散发出一种脱俗的香气。七仙女便私自向仙翁求得几颗稻种，悄悄托付青鸟，撒播到董永的田间。

董永在梦中见到七仙女，知其心意。果然，他见到田间有一小片禾苗长势非同一般，于是像对孩子一样精心培育。待到收割时，剥开谷壳，便有一股香味扑面而来。

经过几年的繁育，董永的几亩水田都种上了这种香稻，他们的日子已经不用发愁。孩子到了上学的年纪，董永为他取名董天宝。也许因为从小就食香米的缘故，董天宝聪颖异常，勤勉谦恭，十年苦读后高中进士。香米也被人们称之为“进士米”。

从此，香米在孝感大地上生长繁衍。人们为了感恩仙女带来的恩惠，将这段感天动地的姻缘在民间口口相传，就有了“天仙配”的故事，更有了植根于孝感的“仙女香米”。

有机米

碓上米不舂，窗中丝罢络。
看渠驾去车，定是无四角。

——《相和歌辞·读曲歌五首（其二）》
（唐）张祜

一、物种本源

种属名

有机米，为禾本科稻属植物的种仁，是指在种植大米时仅通过自然农耕，完全采用天然有机的方式栽培出的大米。

形态特征

有机米纯净度高，米粒光洁、色泽润、晶莹剔透。

习性，生长环境

有机米在生长过程中使用的肥料为有机肥，对土地的要求也极其严格，只有这样才能达到完全无污染的效果。再加上专用的优良碾米机械设备以及淘米产品专利工艺技术，最大限度地保留了大米中的营养，可以达到自然稻米鲜香味的高品质食用效果。

有机米是遵照国家有机农业生产标准种植生产加工的，不使用化学合成的农药、化肥、生长调节剂、饲料添加剂等物质，遵循自然规律和生态学原理，协调种植业和养殖业的平衡，采用一系列可持续发展的先进农业技术以维持持续稳定的农业生产方式，从而获得有机水稻终端果实。

二、营养及成分

有机米中，蛋白质含量为7%~8%，其中，含赖氨酸高的碱溶性谷蛋白高达80%，与其他谷类相比赖氨酸含量较高，氨基酸组成配比均衡，比较接近世界卫生组织认定的蛋白质氨基酸最佳配比模式。有机米蛋白质的效用比率（PER值）为2.2（小麦为1.5，玉米为1.1），生物价（BV值）为77，蛋白质的可消化率超过90%，均高于其他谷物，因此有机米

有机米饭

蛋白质的营养价值丰富。

有机米独有的物质——谷维素，被称为“美容素”，是一种黑色素抑制剂，能降低毛细血管脆性，增强肌肤末梢血管循环机能作用，进而增亮肤色，并可以及时补充肌肤缺失的水分，使皮肤富有弹性。

三、食材功能

性味 味甘，性平。

归经 归脾、胃经。

功能 有机米具有强胃健脾、清肺、益气、养阴、润燥的功效，能刺激胃液的分泌，有助于肠道的消化，并对脂肪的吸收有促进作用。人们食用以后可以补中益气、健脾养胃以及益精强志，能起到止泻、止渴以及清肝明目的功效。

（1）补充能量。为人体补充能量是有机米的重要功效，因为有机米中碳水化合物的含量高达70%，它还含有一定数量的蛋白质，这些物质进入人体以后能尽快转化成人体正常代谢时必需的能量，可以促进体力恢复，缓解身体疲劳。

（2）补脾健胃。有机米还是一种能入脾经和胃经以及肺经的滋补性食材，补脾健胃是它的主要功效。除此以外，它还能补中益气、滋阴润肺，更能促进消化液分泌，人们食用它以后能缓解脾胃虚弱或脾胃不和，更能提高人类肠胃的消化功能，经常食用能预防消化不良和肠胃疾病发生。

（3）预防高血糖。有机米对现代人类高发的高血糖有明显的预防作用，它含有的维生素B和大量无机盐以及膳食纤维等营养成分，对加快人体内糖类物质代谢都有极大好处，另外它们还能维持人体内分泌稳定，促进胰岛素产生。

四、烹饪与加工

有机米山药粥

（1）材料：有机米、山药、枸杞。

（2）做法：将有机米洗净后备用；山药削皮后切成小段洗净；淘洗少量枸杞。取瓦煲1个，加入适量清水煮沸，向瓦煲中加入洗净的大米，小火煮30分钟。最后加入准备好的山药和枸杞，加入白糖调味，继续煮10分钟即可食用。

有机米山药粥

有机米南瓜粥

（1）材料：有机米、南瓜。

（2）做法：将有机米清水洗净，按1：5的比例加入清水，先大火煮沸，后转小火熬制30分钟。将南瓜削皮去籽切成小块，放入大米粥中混匀继续煮10分钟，直至南瓜变软，即可食用。

五、食用注意

（1）少淘米或不淘米。如今市面上卖的多为免淘米，有机大米中的杂质灰尘已经被吹去。

（2）预先泡米容易煮软。泡米的水一定不要倒掉，有机大米表层的部分营养成分都在这里面。

老鼠献稻种

很久很久以前，天降烈火，地上的庄稼草木都被烧焦了。人们吃完了贮粮，就吃米皮糠。后来，连米皮糠都没得吃，开始吃树皮草根了。

人间的皇帝诏令天下：“谁能拯救生灵，寻得谷种，要大大地封赏！”

无论是人，还是禽兽，全都束手无策。唯独一只老鼠吱吱叫道：“我还有一小杯呢！”

原来这只老鼠打的洞在深土之中，大火烧不到，它保存的粮食保留了下来。老鼠献出了无比珍贵的谷种，立了大功。皇帝令人播到田里，从此黎民百姓又过上了丰衣足食的好日子。人们为了报答老鼠，每到秋收时，都要在田头留下几兜稻子让老鼠度日。

可是传了几代过后，人类的子孙竟忘了当年的规矩。不仅不在田头地角给老鼠留稻谷，还看见老鼠就人人喊打！老鼠饿得头晕眼花，一路吱吱叫着到玉皇大帝那儿告状。玉皇大帝想了想，于是赐给老鼠一副利牙，不管什么储米的仓、箱、柜，老鼠都可以用玉皇大帝赐的利牙咬开。

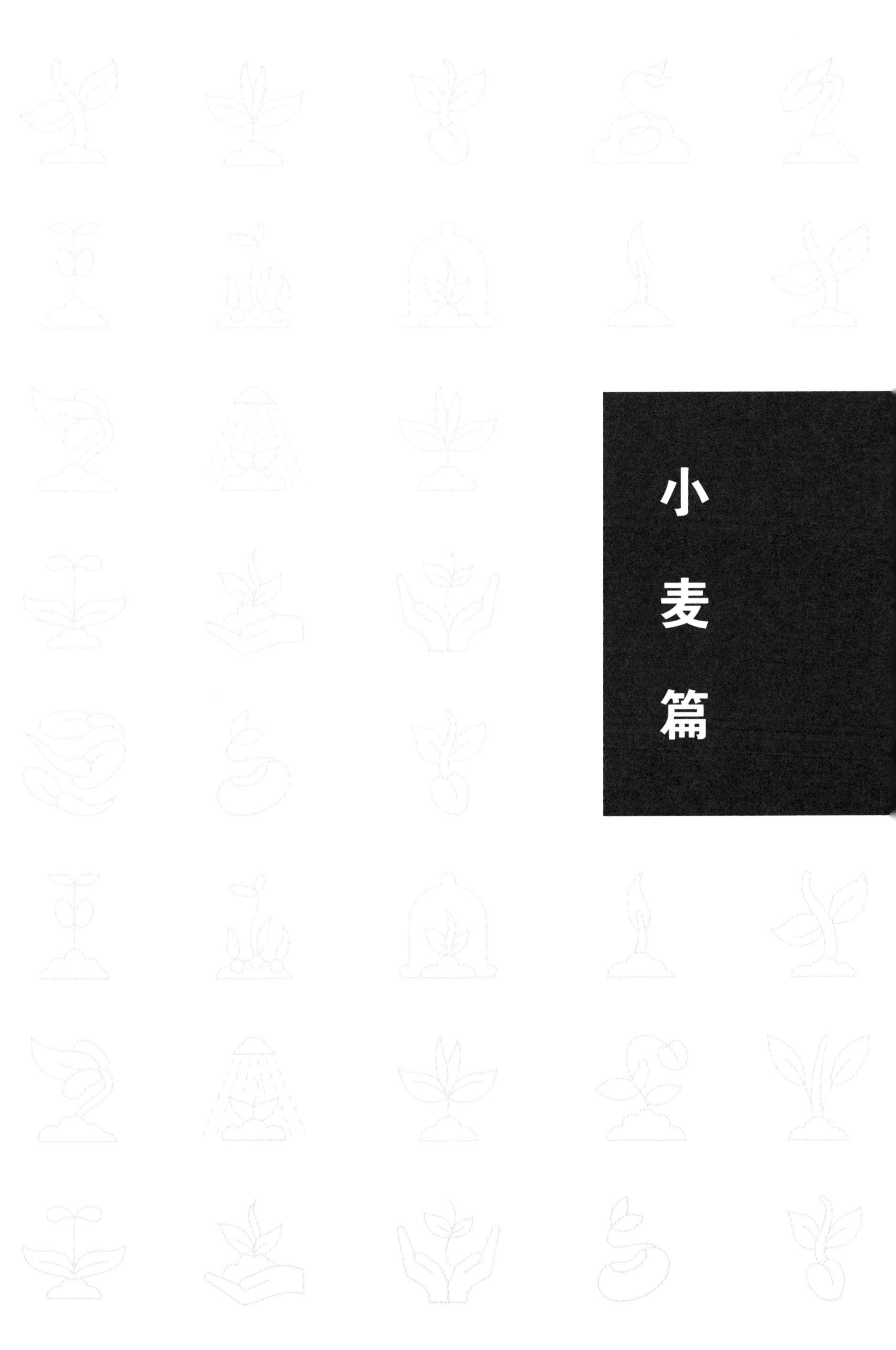

小麦篇

小麦

小麦青青大麦黄，护田沙径绕羊肠。
秧畦岸岸水初饱，尘甑家家饭已香。

——《农谣》（宋）方岳

一、物种本源

种属名

小麦，为禾本科小麦属一年生或越年生草本植物小麦的种仁，又名普通小麦等。

形态特征

小麦麦粒皮色有红、白之分，红皮又分为深红和红褐色，口感和筋道略差；白皮又分为白色、乳白色、黄白色，口感和筋道好。外形呈扁平的圆形、椭圆形或圆三角状，直径一般为30～40微米，从侧面观察呈双透镜状、贝壳状，宽11～19微米，两端稍尖或钝圆，脐点裂缝状，复粒少数，由2～4粒或多分粒组成。

秆直立，丛生，具6～7节，高60～100厘米，直径5～7毫米。叶鞘松弛包茎，下部者长于上部者短于节间；叶舌膜质，长约1毫米；

小麦穗

叶片长披针形。穗状花序直立，长5～10厘米（芒除外），宽1～1.5厘米；小穗含3～9小花，上部者不发育；颖卵圆形，长6～8毫米，主脉于背面上部具脊，于顶端延伸为长约1毫米的齿，侧脉的背脊及顶齿均不明显；外稃长圆状披针形，长8～10毫米，顶端具芒或无芒；内稃与外稃等长。

习性，生长环境

小麦种植土层深厚，结构良好，耕层较深，有利于蓄水保肥，促进根系发育。小麦是一种温带长日照植物，适应范围较广，自北纬17°～50°，从平原到海拔约4000米的高原均有种植。根据对温度的要求不同，分冬小麦和春小麦两个生理型，不同地区种植不同类型。秋种为冬小麦，分布在长城以南；春种为春小麦，分布在东北及长城以北。冬型品种适期的日平均温度为16～18℃，半冬型为14～16℃，春型为12～14℃。温度受地理纬度和海拔的影响，即纬度和海拔愈高，气温愈低，播种期可早些。

小麦为长日照作物（每天8至12小时光照），如果日照条件不足，就不能通过光照阶段，不能抽穗结实。小麦光照阶段在春化阶段之后。

二、营养及成分

每100克小麦所含主要营养成分见下表所列。

碳水化合物	77~79克
蛋白质	11克
膳食纤维	10克
脂肪	1克

三、食材功能

性味 味甘，性平。

归经 归心、脾、肾经。

功能 小麦可消渴止汗、除烦止渴、健脾止痢、安神益气。食用小麦对烦热、泻痢等症状有很好的调节效果。外用可止血消肿，对痔疮出血、痈肿、烫伤有疗效。

四、烹饪与加工

小麦红枣桂圆粥

（1）材料：小麦、糯米、红枣、桂圆、白砂糖。

（2）做法：将小麦、糯米洗净，浸泡1小时，红枣、桂圆去核；锅置于火上，先放入小麦和适量的水，大火烧沸，再放入糯米、红枣、桂圆，然后用小火炖煮，待粥煮熟后，放入白砂糖，搅拌均匀即可。

小麦红枣桂圆粥

香蕉胚芽汁

（1）材料：香蕉、小麦胚芽、西红柿、草莓、牛奶。

（2）做法：将香蕉去皮，切成小块；西红柿洗净去皮，切小块，草莓去蒂洗净；小麦胚芽洗净，浸泡1小时。锅置火上，放入小麦胚芽、牛奶，大火煮沸，再放入香蕉块、西红柿块、草莓，煮沸后关火晾凉。最后放入榨汁机中，搅成浆汁即可。

五、食用注意

（1）小麦含少量氮化物，可以起到类似镇静剂的作用，慢性肝病患者不宜食用。

（2）小麦面粉加工不宜过于精细，否则会使营养成分损失过多，对健康无益。

（3）发霉的小麦面粉不宜食用，可导致人急性中毒。

乾隆与“都一处”烧麦

相传，乾隆皇帝一年重阳夜微服出访，走到正阳门外大街，店铺多已关门，只见一处灯火辉煌，便走了进去，闻到一股扑鼻香气，笼屉里整齐排列着蒸好的色泽晶莹、油亮滑润的烧麦（现称“烧卖”）。此时乾隆正有微饿之感，便要了一份，举箸一尝，荤素杂陈，不落俗套，在御膳房绝无此物。乾隆当时把店说成是“都一处”，回宫后差人送来一块匾额。由此，北京“都一处”烧麦名声远扬，烧麦越做越好，生意越来越红火，直到现在。

白小麦

萧萧疏雨点孤蓬，舟子招呼语顺风。
小麦青青春恰半，一犁江上看田翁。

——《庙山道中》（宋）王同祖

一、物种本源

种属名

白小麦，为禾本科小麦属一年生或越年生草本植物小麦的种仁，其种皮颜色主要呈现乳白色、白色和黄白色三种。

形态特征

白小麦皮层较薄，磨粉显白，出粉率高，品质也优于一般小麦。小麦籽粒主要由胚、胚乳和皮层三个部分组成，各部分的比例随小麦品种的不同存在比较明显的差异。

习性，生长环境

白小麦的习性与生长环境和普通小麦相同，都属于温带需要长日照的禾本科植物，但白小麦需要高肥水地块、要增施有机肥、利用配方施肥技术，重施起身拔节肥，且需注意防止倒伏和浇好灌浆水与麦黄水。

白小麦面粉

二、营养及成分

白小麦中的淀粉含量为53%～70%，糖类含量占2%～7%，蛋白质含量约占11%，糊精含量占2%～10%，脂肪含量约占1.6%，少量粗纤维含量约占2%。

三、食材功能

性味 味甘，性平。

归经 归心、脾、肾经。

功能 白小麦可以养心安神、消烦止渴、健脾止痢、益肾敛汗，对缓解烦热、泻痢等症状有一定的疗效。外敷可用于止血消肿，同时对痈肿、烫伤、痔疮出血也有一定的治疗效果。

四、烹饪与加工

白小麦黄芪汤

（1）材料：白小麦、黄芪、白砂糖。

白小麦黄芪汤

（2）做法：将白小麦用清水洗净后放入锅中，加适量水，开火煮熟小麦，然后加入黄芪再煮30分钟，最后加入白砂糖调味即可。

红枣菊花炒麦茶

（1）材料：白小麦、红枣、菊花。

（2）做法：将白小麦用清水淘洗，捞出放至太阳下自然干燥；红枣洗净去核备用；菊花放入盆中，加入适量的水浸泡。开火将晒好的小麦炒制呈黄褐色，并伴有淡淡麦香味即可，盛出待其自然冷却。冷却后，在锅中加入适量的清水，加入炒好的小麦，先中火煮沸，后加入红枣与菊花转小火，继续煮10分钟即可饮用。

五、食用注意

（1）白小麦含少量氮化物，可以起到类似镇静剂的作用，慢性肝病患者不宜食用。

（2）白小麦面粉加工不宜过于精细，否则会使营养成分损失过多，无益于健康。

白小麦的传说故事

相传，古时候，一株小麦结九穗。那时小麦每到收获的季节，产的粮食堆满了谷仓，每年都吃不完。于是人们开始肆意挥霍，每日都将没吃完的扔了，十分糟践粮食。而这事不知怎么传到了玉帝的耳朵里，玉帝还有些不相信，于是就派了一名自己的亲信前往凡间一探究竟。相传那名神仙化作一名白胡子老头，装作一名乞丐沿街乞讨，来到一户人家门前，刚好看到有位妇女在用白面烙饼给她家的孩子做尿垫。回到天庭后，这位神仙将所见所闻一一汇报给了玉帝，玉帝听后龙颜大怒，随即下令将小麦改为只结一穗。自此，小麦由原来的九穗变为一穗，每年小麦的产量也就变小了，人们也慢慢学会了珍惜粮食。

红小麦

建水樵川隔几重，相逢孰意大江东。
客行芳草垂杨外，春在柔桑小麦中。
细雨疏田流水碧，残霞拥树远林红。
浮生聚散浑无定，有酒何妨一笑同。

——《过樵川林时中》（宋）赵若槸

一、物种本源

种属名

红小麦，为禾本科小麦属一年生或越年生草本植物小麦的种仁。

形态特征

红小麦的表皮呈深红色或红褐色，红皮籽粒数大于90%。皮较厚，胚乳含量少，出粉率较低，但蛋白质含量较高。

习性，生长环境

红小麦主要分布在我国的南方、东北及西北地区。红小麦适应性强，丛生根系发达，易成活，耐贫瘠的土壤，抗旱、抗寒、抗倒伏，茎高60~75厘米，水旱地兼宜种植，90~110天成熟。

二、营养及成分

每100克红小麦所含主要营养成分见下表所列。

碳水化合物	64.4克
蛋白质	15.4克
膳食纤维	10.8克
脂肪	1.9克
磷	325毫克
钾	289毫克
钙	34毫克
钠	6.8毫克

铁	5.1毫克
镁	4毫克
烟酸	4毫克
锰	3.1毫克
锌	2.3毫克
维生素E	1.8毫克
铜	0.4毫克
硫胺素	0.4毫克
核黄素	0.1毫克

三、食材功能

性味 味甘，性平。

归经 归心、脾、肾经。

功能 红小麦具有宁心安神、消烦止渴、健脾止痢、益肾敛汗的功效，对烦热、泻痢等症状有一定的缓解作用。外用可止血消肿，对痔疮出血、痈肿、烫伤有疗效。

红小麦面粉

四、烹饪与加工

红小麦粥

（1）材料：大米、红小麦、红枣。

（2）做法：将红小麦淘洗干净，放入砂锅中，加800毫升清水，煮至其熟透。捞去小麦取汁，放入大米和红枣。大火烧开后转小火，煮成米粒熟烂的稠粥即可。

五、食用注意

（1）心血不足、失眠多梦以及脚气病、末梢神经炎、体虚、自汗、盗汗、多汗等症的患者适宜食用。此外，妇人回乳也适宜食用。

（2）糖尿病患者不宜食用。

（3）食用小麦时少放碱或者不放碱，因为碱能破坏掉面食中大部分的维生素及多种酶。

（4）红小麦含有少量的氮化物，可以起到类似镇静剂的作用，慢性肝病患者不宜食用，易引起嗜睡现象。

兴化红皮麦

兴化古谣谚早有“六月六，一口焦屑（炒熟的麦粉）一口肉”的说法。据说，元末，兴化人张士城凭借家乡“丰盈之粮储”揭竿举义称雄大江南北达17年之久。明万历十九年（1591年）兴化知县欧阳东凤主修的《兴化县新志》载，诸谷之品，粒饱香浓，多为贡品，麦有多种，中西部黑土产佳品。邑人明宰辅高谷在昭阳十景《东高霁雨》（县志注：郊畴百里，平旷一色，时雨初霁，禾麻若菌。）中写道：“积雨如膏土脉滋，春来民事颇相宜……宿麦渐看青遍野，新秧初见绿盈池。”

黑小麦

著雨柔桑暗，吹风小麦齐。
江深涵日净，野阔并云低。
车马能相问，琴书故可携。
村村花自好，不奈子规啼。

——《闲居遣兴》
（宋）韩元吉

一、物种本源

种属名

黑小麦，为禾本科小麦属一年生或越年生草本植物小麦的种仁，又称裸麦等。

形态特征

黑小麦秆丛生，高约100厘米，叶鞘常无毛或被白粉；叶舌顶具细裂齿；叶下光滑，边缘粗糙。穗状花序具柔毛；含2小花，小花近对生均可育，外稃顶具芒，沿背部两侧脉上具细刺毛，内稃与外稃长度相近。颖果长圆形，淡褐色。黑麦因含有天然黑色素，呈紫色、褐色或近于黑色。

习性，生长环境

黑小麦喜冷凉的气候，主要分布于寒温带地区，北欧、北非是黑小麦的主要产区，由于特殊的气候要求，我国黑小麦的种植仅分布在黑龙

黑小麦面粉

江、贵州、甘肃、云南、新疆、青海、西藏等海拔较高的高寒地带或干旱的地区。黑小麦有“蛋白麦”的美誉，黑小麦是一种通过特殊育种手段而培育出来的特用型的优质小麦新品种，具有许多优点，如耐寒抗冻、抗倒伏、返青快、抽穗整齐、耐晚茬、抗病虫害、抗干热风、分蘖率高、抗干旱等。

二、营养及成分

黑小麦含蛋白质15.3%~20.5%，碳水化合物54%~72%，脂肪1.9%~2.2%，富含钙、硒、碘、铁等矿物质元素。对于不同品种的黑小麦，营养素的种类、含量有较大差别。黑小麦的蛋白质、膳食纤维等营养成分均高于普通小麦。

三、食材功能

性味 味甘，性平。

归经 归心、脾、肾经。

功能 黑小麦营养丰富，是具有保健功能的特色食品，也是一种很好的功能性食品。

(1) 控制血糖，黑小麦具有明显控制血糖上升的效果，是糖尿病朋友的优选食品，也是中老年人预防“三高”，瘦身减肥的优选食品。

(2) 延缓衰老，黑小麦含有微量元素硒，可有效清除人体体内氧自由基，延缓机体老化。

(3) 降压降脂，黑小麦中富含可溶性黑麦纤维，可降低血糖，降低胆固醇，阻止脂质过氧化，对高血压、高脂血症等疾病都有明显的防治作用。

四、烹饪与加工

黑小麦粥

（1）材料：黑小麦、粳米、红枣。

（2）做法：将黑小麦用清水洗干净后放入锅中，加入适量的水，开火煮熟小麦。过滤小麦取其汤汁，之后在汤汁中加入粳米和红枣再次开火煮，煮熟后即可食用。

五、食用注意

黑小麦含有少量氮化物，可以起到类似镇静剂的作用。慢性肝病患者不宜食用，对其过敏者禁食。

韩信撒种黑小麦

汉初名将韩信十多岁时，在沈丘县付井九里山一座寺院当道童。一天，韩信指着寺院的一片草地对师父说：“这些杂草有损我们寺院美观，应该在这儿再撒些草籽。”师父向他挥挥手说：“随时！”

终于熬到了中秋节。师父交给他一包黑色的种子让他撒到草地里。韩信非常高兴地拿着种子去撒。正撒着，忽然秋风四起，种子飘走好多。韩信大叫：“不好了，种子被风吹跑了。”师父说：“随性！”

刚撒完种，几只觅食的鸟飞来，它们在草地上不停地啄着刚撒下的种子。韩信惊慌不已。师父说：“随遇！”

到了半夜，老天突降一场大雨，把播种的草地冲得面目全非。第二天清晨，韩信飞一样地冲进禅房：“师父，种子都被暴雨冲走了！”师父微笑着说：“随喜！”

从此，黑色的小麦就在寺院里生长繁衍，又从寺院传种到周围的村里。九里山也因出产黑小麦而使人称奇。

后来，韩信因赫赫战功扬名古今中外，九里山的黑小麦也因珍稀好吃闻名于世。

彩色小麦

小麦青青大麦稀，蚕娘拾茧盈筐归。
放牛簿暮古堤角，三四黄莺相趁飞。

——《村居即事》（宋）晁补之

一、物种本源

种属名

彩色小麦，为禾本科小麦属一年生或越年生草本植物小麦的种仁。

形态特征

彩色小麦籽粒颜色呈绿色、紫色、蓝色或紫蓝色等特殊颜色，其中紫色是种皮呈现的颜色，蓝色是胚乳糊粉层呈现的颜色，而紫蓝色是紫色种皮与蓝色糊粉层互作所表现出来的颜色。品种不同，其形态特征亦有所差异，比如，应用独创的“化学诱变”“物理诱变”“边缘杂交”三结合育种法得到的“中普绿麦1号”籽粒形状椭圆形、颜色深青、硬质、冠毛少。

习性，生长环境

彩色小麦经过定向选育、三结合育法、航天育种技术精心培育等而得，避免了“近亲繁殖”造成的抗性差、易退化等缺点，河南、山东、河北、安徽、江苏、甘肃等省份皆可种植，不同地区播种期有所差异。如“中普绿麦1号” 目前主要在河南地区种植，施肥以底肥为主，重施氮肥并注意氮、磷、钾配合；中国农业科学院航天育种中心空间作物研究室定向选育的“绿优1号”对光反应不敏感，抗逆性好，适应性强，主要在甘肃景泰县试种。

二、营养及成分

彩色小麦含有丰富的蛋白质、赖氨酸、淀粉、脂肪、淀粉酶、食物纤维、磷酸、类固醇、维生素E及丰富的微量元素和矿物质，如锌、硒、钙、铁、碘等。

三、食材功能

性味 味甘，性平。

归经 归脾、心经。

功能 彩色小麦具有减肥的功效，还能降低血清和肝脏中的胆固醇含量，降低心血管疾病的发病率，也能预防便秘、胆结石等。彩色小麦中含有丰富的膳食纤维和维生素，能够促进肠道消化，是良好的减肥产品。丰富的维生素是体内良好的抗氧化物质，能清除体内自由基，具有减肥的功效，还能降低血清和肝脏中的胆固醇含量，促进身体健康。

四、烹饪与加工

彩色小麦粥

（1）材料：粳米、彩色小麦、红枣5个。

（2）做法：将彩色小麦用清水洗净后放入锅中，加入适量的水，开火煮熟彩色小麦，过滤彩色小麦取其汤汁，之后在汤汁中加入粳米和红枣再次开火煮，煮熟后即可食用。

彩色小麦窝窝头

（1）材料：彩色小麦面粉、高粱粉、白砂糖、酵母。

（2）做法：将彩色小麦面粉、高粱粉、白砂糖放入盆中，混入酵母，加入清水搅拌，进行和面约15分钟。待面团表面光滑后，用布盖好发酵约20分钟，若

彩色小麦窝窝头

气温较凉可延长10分钟。发酵结束后揉匀面团，排尽面团内的空气后切成小块。将各小块揉成圆形并做成窝头形状，静置15分钟。锅中加入足量的清水，将面坯放入蒸笼中，水沸腾后继续加热20分钟，关火，彩色小麦窝窝头蒸制完成。

五、食用注意

（1）忌食用过于精细的面粉。长期食用精细的面粉，会导致食欲下降、四肢乏力、皮肤干燥等症状，甚至会得脚气等营养缺乏性疾病。

（2）忌食用发霉的彩色小麦面粉。彩色小麦阴雨天遭受赤霉菌的感染，容易引发赤霉病，赤霉病菌产生的毒素较强，就会发生急性中毒，出现头昏、腹胀、呕吐等中毒症状。

彩色小麦乘上“神舟”五号飞船

2003年10月15日，“神舟”五号载人飞船发射升空，搭载着周中普培育的彩色小麦种子进行太空遨游。正在家中收看电视直播的周中普父子禁不住欢呼起来，任凭喜悦激动的泪水流淌。

周中普的儿子李航，本来是学财经的，毕业后痴迷于父亲的专业，索性跟随父亲干起了核农业和彩色小麦育种工作。

多年来，周中普父子梦想着用中国人自己的宇宙飞船搭载小麦种子进行太空育种。因为种子在太空综合射线全方位辐射和高真空、低地磁的作用下，更容易引起内部基因突变，创造出前所未有的新基因，从而选育出优良的作物新品种。在采用“化学诱变”“物理诱变”和“边缘杂交”三结合育种技术培育出彩色小麦后，父子俩对于太空育种的盼望更加迫切。

没想到，这个梦想真的实现了！

2003年3月，中国太空生物育种中心负责人温贤芳教授打电话给周中普父子，通知他们精选优质彩色小麦等高级育种材料，以便进行太空综合射线辐射。

父子俩经过3个月、数百次筛选，用放大镜和显微镜从10公斤小麦中精选出30克种子，并于当年6月，专程送到了北京。

周中普至今仍为彩色小麦能够“乘坐”“神舟”五号飞船遨游太空而激动——“这是我们研究开发的新起点，两三年内，我们可以培育出具有抗虫性、丰产性、优质性、保健性的新一代种子，并能为祖国品种基因库提供更多的育种材料。”

谈及彩色小麦，周中普说：“是科技创新成就了这一切。首先是野生资源和远缘杂交的应用，避免了育种界常用的‘近亲繁殖’造成的抗性差、易退化等缺点；其次原子能及化学处理手段的大胆应用，加速变异和稳定。科技要创新，农业也同样需要创新，从某种意义上讲，不创新就没有前途！”

培育成功彩色小麦品种，周中普认为这只是迈出的一小步。彩色小麦的种植与推广，有利于农民增加收入；利用彩色小麦营养品质较高的特点，开发市场对路的功能性食品和保健食品，有着广阔的市场前景。而让彩色小麦食品尽快走入寻常百姓家，进而改善人民的生活质量，这才是周中普心中真正的“彩色小麦梦”。

马铃薯篇

马铃薯

榛实软不及，菰根旨定雌。
吴沙花落子，蜀国叶蹲鸱。
配茗人犹未，随羞箸似知。
娇颦非不赏，憔悴浣纱时。

——《土豆》（明）徐渭

一、物种本源

种属名

马铃薯，为茄科茄属一年生草本植物马铃薯的块茎，又名山药蛋、洋芋、阳芋、地蛋、土豆等，每年可进行一季至两季栽培。

形态特征

初生叶为单叶，全缘。随植株的生长，逐渐形成奇数不相等的羽状复叶。果实为茎块状，扁圆形或直径15~80厘米的球形，无毛或被疏柔毛。茎分地上茎和地下茎两部分。地下茎长圆形，直径为3~10厘米，外皮白色、淡红色或紫色。薯皮为白色、黄色、粉红色、红色、紫色和黑色等，薯肉为白色、淡黄色、黄色、红色、紫红色、黑色、青色、紫色及黑紫色等。

马铃薯

习性，生长环境

马铃薯性喜冷凉，不耐高温，生育期间以日平均气温17~21℃为适宜。若光照强度大，叶片光合作用强度高，块茎形成早，块茎产量和淀粉含量均较高。如果总降雨量为400~500毫米，且均匀分布在生长季，即可满足马铃薯的水分需求。植株对土壤要求十分严格，以表土层深厚、结构疏松、排水通气良好和富含有机质的土壤最为适宜，特别是孔隙度大、通气度良好的土壤，更能满足根系发育和块茎增长对氧气的需要。

中国马铃薯的主产区是甘肃定西市、宁夏固原市、西南、内蒙古自治区和东北地区，其中以西南山区的播种面积最大。定西自然类型复杂，垂直气候明显，土壤类型多样，为马铃薯不同类型品种的区域化布局创造了有利条件，成为中国乃至世界马铃薯最佳适种区之一。

二、营养及成分

每100克马铃薯所含部分营养成分见下表所列。

淀粉	9~20克
蛋白质	1.5~2.3克
脂肪	0.1~1.1克
粗纤维	0.6~0.8克
钾	200~340毫克
磷	15~40毫克
胡萝卜素	12~30毫克
钙	5~8毫克
碘	0.8~1.2毫克
烟酸	0.4~1.1毫克
铁	0.4~0.8毫克

三、食材功能

性味 味甘，性寒。

归经 归胃、大肠经。

功能 马铃薯能健脾胃、益肾气、降脂美容、抗衰老、解毒消炎，对习惯性便秘、湿疹、腮腺炎、血虚便秘、肾虚畏寒、恶心、呕吐、厌食、胃酸反流等症均有食疗效果。

四、烹饪与加工

土豆泥

（1）材料：土豆、葱、胡萝卜、油、盐。

（2）做法：将土豆去皮后切片，放入锅中进行蒸，待熟后将土豆碾成泥；把土豆泥放在保鲜膜上，再放在碗里用汤匙压实，这样脱模的时候不容易粘住碗；把碗倒扣过来放在碟子上，拿掉保鲜膜；再取少许葱花、胡萝卜丁、油、盐，搅拌均匀即可食用。

土豆泥

孜然锅巴土豆

（1）材料：土豆、小米椒、小葱、油、盐、孜然粉、辣椒粉。

（2）做法：将土豆洗净去皮，切成滚刀块；加入少许盐入锅煮熟，然后捞出沥干水分；在锅中加入少量油，将土豆放入平底锅中，中小火煎；待一面煎至金黄酥脆后，再换另一面煎；撒上孜然粉、辣椒粉、少许盐等调料，放入小米椒进行翻炒一会儿；起锅前放入葱花即可。

五、食用注意

服安体舒通（螺内酯）时忌食马铃薯。

白马送“马铃”

岚县的白龙山为古“岚阳八景”之首，因其主峰有白龙庙而得名。庙内供奉着白龙神，在岚州流传着“白龙爷与马铃薯”的神话故事。

传说，明朝末年，岚县自然灾害频发，粮食大幅减产，当地老百姓时刻面临饥饿和死亡的威胁。当地县令是个好官，看在眼里，急在心里。可是筹集来的粮食和财物根本不够用！一筹莫展之际，县令带领乡绅，登上白龙山，祈求白龙爷保佑岚县风调雨顺，五谷丰登，让百姓免遭饥荒之苦。

晚上，县令做了一个奇怪的梦。梦里，他看到一匹白马从西方飞驰而来。脖颈上挂着两串金光闪闪、铃铛模样的东西，随后就消失在岚县西郊的田地之中。县令醒来，思来想去，不得其解。随即，县令就去找了一位道长为其解梦。道长听罢县令的描述，一边捻着胡须，一边连声说道：“恭喜，恭喜啊！这是白龙爷显灵了！三日之内，必有宝物从西方随白马而来。”县令听后大悦。于是，就急忙带领乡绅百姓到岚县西城门外恭候。

等到第三天傍晚，果然有一匹白马踏着夕阳的余晖，朝着白龙山飞驰而来，白马脖子上还挂着两串金黄色的物什，形如铃铛，却没有声响。只见白马将脖子上的物什抖落在地，用前蹄踏裂成几瓣，然后掉头嘶鸣一声，飞奔而去。

众人十分诧异，走近一看，就见散落在地上的一个个碎块像番薯一样。大家心里嘀咕着，这难道还能吃吗？大家都感到迷惑，县令也愣在那里，不解其中因缘。此时，道长说：“天意难测！我建议大家将这些碎块全部埋在白龙庙旁的空地上，或许日后会有奇迹发生。”

过了些日子，这埋碎块的地上，一个个新芽破土而出，越长越茂盛。到后来还开了花，再后来就把地面给撑裂了许多缝。县令让人刨开，收获了一大堆金灿灿、铃铛模样的果实。人们试着煮了吃，都高兴地说："这东西，既香又甜又沙。"县令想了想，就给这白马送来的铃铛一样的宝贝，取名为"马铃薯"。

后来，当地老百姓在种植的时候，仿照马踩碎的样子，将每个马铃薯切成块，然后就种到地里，连年喜获丰收。自此，岚县老百姓彻底解决了温饱问题，还渐渐过上丰衣足食的好日子。

红色马铃薯

粉红紫红皮光亮，功归航天新科技。
其内富含花青素，营养高于苹果梨。

——《红色马铃薯》（现代）陈中发

一、物种本源

种属名

红色马铃薯，为茄科茄属一年生草本植物马铃薯的块茎。

形态特征

红色马铃薯即红皮土豆，呈粉红色、紫红色，光滑发亮，表皮富有光泽。外形呈长椭圆形，芽眼较小。红色马铃薯口感好，口感更糯、面，汁多有黏性，品质极佳。

习性，生长环境

非转基因、非航天育种的红色马铃薯源自“土豆之乡”——南美洲秘鲁冈底斯山脉。我国红色马铃薯的主要产地位于湖北省宜昌市昭君故里兴山县、长阳土家族自治县、五峰土家族自治县，生长在海拔1200米以上的高山处。

我国航天育种技术最新选育成功的红土豆，主要在我国云南等地分布，适合在疏松、通透性好的沙壤土中种植。

二、营养及成分

每100克红色马铃薯所含主要营养成分见下表所列。

粗淀粉	37克
碳水化合物	15.5克
蛋白质	2.1克
脂肪	0.1克

维生素C	18.7毫克
花青素	3.2毫克

三、食材功能

性味 味甘，性微寒。

归经 归胃、大肠经。

功能 红色马铃薯富含原花青素、矿物质及微量元素。它们具有补血护心、延缓衰老、美容、防治高血压和心脏病的作用，具有突出的营养价值和明显的食疗效果。

四、烹饪与加工

红皮土豆的吃法和普通土豆的吃法无异，可以蒸、煮、煎、炒、烤、炖，如土豆炖牛肉；也可以做一些小菜，如红土豆泥、红土豆饼、红土豆沙拉、红土豆丝等。

将新鲜的马铃薯，尤其是红色马铃薯与苹果按照1：1或1：2的比例一起榨汁，再配以少许蜂蜜，以提高其风味，每日坚持饮用一至两杯，可提高人体免疫力、增强体质。

五、食用注意

禁止食用暴晒后的红色马铃薯。红色马铃薯若长时间暴晒在太阳下，可能会导致颜色加深，摄入后可能会使身体出现中毒等不良反应。

界首红皮马铃薯的由来

史料记载，红皮马铃薯原系河北省天津市郊区栽培的一个农家品种，早在清光绪二十六年（1900年）前就在坝县、烟台、唐山、保定、大名等地种植，后来引入天津郊区，终年与蔬菜混作，菜农称其为“天津蛋”（亦称“大名红”）。

中华民国十九年（1930年），界首桑树乡饶老庄饶朝聘在天津打工，觉得“天津蛋”挺好，既可当粮又能做菜，而界首当地尚未见过土豆种植和集市贸易。于是，饶朝聘从天津返乡前特意买了6个马铃薯，询问了种植方法。但有一个马铃薯在路上摔坏了，就在自家菜园里种植了5个，并按种植蔬菜的管理方法培植，当年获得了好收成。当地群众依据这种土豆表皮淡粉红色、薯瓤黄白色的特征，以及在阜阳境内属界首所独有，遂起名为“界首红皮”。

黄色马铃薯

一碗糊涂粥共尝，地瓜土豆且充肠。
萍飘幸到神仙府，始识人间有稻粱。

——《海音诗》（清）刘家谋

一、物种本源

种属名

黄色马铃薯，为茄科茄属一年生草本植物马铃薯的块茎。

形态特征

初生叶为单叶，全缘。随着植株的生长，逐渐形成奇数不相等的羽状复叶。小叶通常大小相间，长度为10~20厘米；叶柄长2.5~5厘米；小叶6~8对，卵形至长圆形，最大者长可达6厘米，宽达3.2厘米，最小者长宽均不及1厘米，基部稍不相等，全缘，两面均被白色疏柔毛，侧脉每边6~7条，先端略弯。

习性，生长环境

黄色马铃薯适合在光照充足的沙壤土中种植，在我国湖北、甘肃、宁夏、云南、山东等地都有生产，其中以甘肃地区的黄色马铃薯尤为出名。

二、营养及成分

每100克黄色马铃薯所含部分营养成分见下表所列。

碳水化合物	13.9~21.9克
蛋白质	1.6~2.1克
粗纤维	0.6~0.8克
磷	52毫克
抗坏血酸	15.8毫克

钙	9.6毫克
胡萝卜素	1.8毫克
钾	1.1毫克
铁	0.8毫克
烟酸	0.4毫克

三、食材功能

性味 味甘，性微寒。

归经 归胃、大肠经。

功能 黄色马铃薯具有较高的营养价值和广泛的医用价值。我国中医学认为，黄色马铃薯具有养胃、健脾、益气的功效，可以预防多种疾病。此外，黄色马铃薯还有解毒、消炎的功效。

四、烹饪与加工

黄色马铃薯可以煎、炸、蒸、煮，也可以做一些土豆美食，如土豆泥、土豆饼、土豆沙拉、酸辣土豆丝等。

蒸黄色马铃薯

五、食用注意

（1）黄色马铃薯中的淀粉含量过大，食用后会有明显的饱腹感，因此肠胃不佳的人群不宜吃。

（2）黄色马铃薯含有生物碱，若孕妇经常食用生物碱含量较高的薯类，会在体内积累造成胎儿畸形。孕妇还是以不吃或少吃薯类为好。

黄色马铃薯的华丽转身

16世纪末，当老家在南美的土豆（马铃薯）首次抵达欧洲时，没几个人待见它，找个落脚地儿都难。原因竟然是它具有“呆头呆脑”的长相，还有“不开化、被征服种族的主要食物”的身世。一句话：没文化呗。然而，朴实的土豆凭借自己的高产和丰富的营养，很快征服了饥饿中的爱尔兰人——两三公顷贫瘠的土地上，就能生产出养活一大家人和牲畜的土豆。从前不怎么长小麦的耕地，从此可以养活很多的人口。要知道，当时的良田大都被英国地主霸占，爱尔兰人面黄肌瘦，过着食不果腹的日子。

“善解人意”的土豆，让爱尔兰人如获至宝。种小麦，需要在收割、脱粒、磨面、和面、揉面、烘烤等一系列繁复的工序后，才成为面包。而土豆，如同种植它一样容易，挖出来直接扔进锅里或火里就可以了。爱尔兰人还发现，土豆除了能保证优质淀粉所具有的能量外，还富含蛋白质、维生素B和维生素C。

内秀的土豆和爱尔兰人日渐强壮的体质，让欧洲权贵也摈弃了对土豆的不屑——普鲁士的腓特烈大帝、俄罗斯的叶卡捷琳娜女王，纷纷开始下令让本国农民种植土豆。法国国王路易十六在推广土豆这件事上，也不忘展示法国人的浪漫。他先让玛丽王后在头顶戴上白色和蓝紫色的土豆花环，又在王室的菜园里种植了一大片土豆，白天派士兵看守，晚上悄悄撤走。低贱的土豆，转眼间便荣升为植物贵族。这应该是土豆生命史上骄傲辉煌的一刻吧。

四格乌洋芋

黔盘四格乡得名，种植历史上百年。
诱人色泽花青素，营养味美价值添。

——《四格乌洋芋》（现代）
纪付鹏飞

一、物种本源

种属名

四格乌洋芋，为洋芋的一类优良特异变种，属于茄科茄属一年生草本植物马铃薯的块茎。四格乌洋芋在贵州有上百年的种植历史，其名称因其主产地为盘州市四格乡而得名。

形态特征

四格乌洋芋外形近似椭圆形，皮薄而光滑，表皮为乌紫色，内呈深紫色与浅紫交替转心样，质硬不坚，气味清香，入口滑糯，并带有浓郁的回甜味，所富含的微量元素与花青素使得四格乌洋芋颜色甚是好看且带有特殊的香味。

习性，生长环境

四格乌洋芋独特的品质得益于当地特有的环境。四格乡位于贵州省盘州市最北端、全乡海拔为1200~2800米，属云贵高原中段过渡地带。山地特点突出，高海拔的自然条件，为盘州四格乌洋芋提供了良好的生长环境。加之境内有适宜洋芋类块茎植物生长的土壤地质条件，土层疏松深厚，为营养丰富的黄棕壤，且土壤中多含硒、锌、钼，这造就了盘州四格乌洋芋富含硒、锌等多种微量元素的特征。

二、营养及成分

四格乌洋芋中的干物质和碳水化合物含量均显著高于普通洋芋；蛋白质、粗脂肪、灰分含量无明显差异；富含硒、铁、钙、磷等矿物质；四格乌洋芋的皮层和髓部均含有较多的花青素，其皮层中含量最为丰富；其淀粉质量与其他类的乌洋芋相比质量更优。因此，四格乌洋芋具有比普通洋芋乃至其他类的乌洋芋更高的营养价值和保健功能。

三、食材功能

性味 味甘，性寒。

归经 归胃、大肠经。

功能

（1）抵抗自由基，能够对自由基产生的疾病起到一定的预防作用。

（2）促进人体对维生素C和维生素E的吸收和利用，增强抗氧化能力。

（3）增强人体免疫系统，提高人体抵抗力。

四、烹饪与加工

乌洋芋烧鸡

（1）材料：仔公鸡、四格乌洋芋、葱、姜、辣椒、花雕酒、色拉油、盐、鸡精。

（2）做法：将仔公鸡洗净，剁成块，乌洋芋用清水洗净去皮后切块备用。将葱、姜、辣椒放入锅中炒香，之后放入鸡块加花雕酒去腥炒香

乌洋芋烧鸡

后，加入清水。大火煮沸，将浮沫捞出。转小火炖30分钟至鸡肉软烂。另取一锅上火，放入色拉油烧热后加入事先切好的乌洋芋块，用小火将土豆炸至金黄，捞起放入烧鸡的锅内，加盐、鸡精调味，调匀即可。

乌洋芋蒜苗

（1）材料：四格乌洋芋、蒜苗、姜、老抽、芽菜、盐、白糖、鸡精。

（2）做法：将乌洋芋用清水洗净后去皮切片，蒜苗切段，姜切片备用。将锅中的水烧开至沸腾，将乌洋芋片快速过水捞起。另起一锅烧热，倒入少许油烧热后，加入姜片，之后加入乌洋芋片翻炒，加入老抽、芽菜、盐、白糖、鸡精翻炒炒匀后，最终加入蒜苗炒几下出锅。

五、食用注意

（1）糖尿病、关节炎患者忌食。

（2）皮色变绿者有毒，不可食用。

（3）发芽的四格乌洋芋内因含多量的龙葵素，对人体有害，可引起呕吐恶心、头晕腹泻，严重的还会造成死亡，故应禁止食用。

四格乌洋芋的种植历史

四格乌洋芋是贵州有名的地方洋芋品种，在贵州有上百年的种植历史。

清代学者吴其濬所著的《植物名实图考》记载：“阳芋，黔、滇有之。”

20世纪，乌洋芋出现，四格的自然环境适宜乌洋芋种植，质量特点突出，四格乌洋芋作为一个品牌在历史发展中积淀形成。

2005年，为破解乌洋芋生产和销售不平衡的难题，四格乌洋芋协会成立。同时，盘州市投入大量资金，对种植户进行培训、扶持，形成产、供、销一条龙服务。

2012年，盘州携四格乌洋芋在广东开展“2012年广东贵州省马铃薯产业推介会”，并参加了“2012中国马铃薯大会”，均获好评。

紫罗兰洋芋

珍稀洋芋紫罗兰，牡丹江市科研产。
洋芋家族添一丁，名响味美颜耐看。

——《紫罗兰洋芋》（现代）
王雨轩

一、物种本源

种属名

紫罗兰洋芋，属于茄科茄属一年生草本植物马铃薯的块茎。

形态特征

紫罗兰洋芋茎紫色，叶紫色，花冠白紫色，花药黄色，子房断面紫色。块茎长椭圆形，芽眼浅，结薯集中。表皮紫黑，切开后紫花色肉质，色彩层次分明，犹如一朵盛开的紫色花朵，由中心向外放射开放。

习性，生长环境

紫罗兰洋芋原产自云南省曲靖市会泽县，该县地处高寒地区，昼夜温差较大，土壤质量良好，非常适宜紫罗兰洋芋生长。现云南省其他少数地方可以种植，但效果不佳。我国牡丹江市蔬菜科学研究所选育的紫罗兰马铃薯品种宜选择疏松土壤种植，牡丹江市为适宜种植区域。

二、营养及成分

每100克紫罗兰洋芋所含部分营养成分见下表所列。

碳水化合物	16.5克
蛋白质	2.3克
钾	342毫克
磷	64毫克
镁	22.9毫克

钙	11毫克
铁	1.2毫克
硫胺素	0.1毫克

三、食材功能

性味 味甘，性寒。

归经 归胃、大肠经。

功能

（1）紫罗兰洋芋具有补气、健脾、消炎、止痛的功效，食用后可改善胃痛、便秘及十二指肠溃疡等症状；外敷可治疗皮肤湿疹。

（2）紫罗兰洋芋富含具有保护机体的黏液蛋白，能够维持人体血管弹性，有效预防心血管系统中脂肪的沉淀，有益于身体健康。

（3）紫罗兰洋芋中的微量元素以钾元素居多，它可促进人体多余盐的排出，对降低血糖和消除组织水肿具有一定的功效，其中的钾和钙对机体的正常心肌收缩具有重要作用，有效预防高血压等疾病的发生。

（4）和胃健中：紫罗兰洋芋对消化不良和排尿不畅有较好的疗效，也是治疗胃病、心脏病、糖尿病等症状的优质食物。

紫罗兰洋芋泥

四、烹饪与加工

火腿芝士烤紫罗兰洋芋

(1) 材料：紫罗兰洋芋、火腿、芝士、葱。

(2) 做法：先将紫罗兰洋芋洗干净，去皮，切成齿轮状，底下不切断；将火腿切成薄片备用；将芝士擦成丝备用；将洋芋片放进微波炉中，中高火煮5分钟；将火腿片放入洋芋片中；将芝士丝和葱花放在表面；在烤箱中快速加热15分钟后即可食用。

五、食用注意

发霉的紫罗兰洋芋不宜食用。

洋芋的由来

相传穆罕默德进行圣战期间，有一次被围困，人饥马乏，没一粒粮食。穆圣不得不面向西方，向胡达讨白，祈求恩赐。穆圣做完讨白，让人在地坎上修了个像锅台形状的灶口，锅口边上用土圪垯垒了起来，像麦垛子样下大上小，收了尖，然后在灶口里放上柴烧起来，另外还让人把周围拳头大小的石头找来堆放一起。不一会儿，垒在灶口的土块全烧红了，于是穆圣让人闭住灶口，把垒在锅口边上烧得像牛血一样红的土块和拾来的石头填到坑里，然后用土把整个灶都封闭得严严实实，连一点气都不让跑。

一个时辰过去了，穆圣让人把土揭开，顿时，一股香喷喷的味道扑鼻而来，人们一看，原来放的石头不见了，却见红土块混杂着焦黄的东西，掰开一吃，那个香。于是，大家就按样烧了许多锅“白石头”，吃了一顿，度过了饥荒，解了围困。圣战结束了，一个穆斯林士兵有次路过那个地方，一股清香扑来，他过去看时，一种从未见过的“草”长满大地，他很奇怪，就用手刨开，见许多像当年吃过的“白石头”一样的东西埋了一地，便叫人全部挖了，作为籽种，年复一年地传下来，这就是我们今天吃的“洋芋”。为了纪念穆圣的功劳，现在，娃娃们还经常这么烧洋芋吃。

紫色马铃薯

原籍南美秘鲁出，果肉深紫皮紫黑。
举目不见故乡景，安居中原实难得。

——《紫色马铃薯》（现代）
欧阳轩元

一、物种本源

种属名

紫色马铃薯，属于茄科茄属一年生草本植物马铃薯的块茎，又名黑马铃薯等。

形态特征

紫色马铃薯幼苗直立、株丛繁茂、株型高大、生长势强，株高60厘米，茎粗1.37厘米，茎深紫色。主茎发达，分枝较少。叶色深绿，叶柄紫色，花冠紫色，花瓣深紫色。薯体长椭圆形，表皮光滑，呈黑紫色，乌黑发亮，富有光泽。薯肉深紫色，致密度紧。其外形似小型紫薯，但比紫薯光滑。

习性，生长环境

紫色马铃薯起源于安第斯山脉，在南美洲种植多年，近些年才被引入中国。紫色习铃薯耐寒，适宜疏松、肥沃的土壤，主要分布于西南山区、西北和东北地区等。

二、营养及成分

每100克紫色马铃薯所含部分营养成分见下表所列。

碳水化合物	16.5克
蛋白质	2.3克
钾	342毫克
磷	64毫克

烟酸	16毫克
钙	11毫克
镁	2.3毫克
铁	1.2毫克
硫胺素	0.1毫克

三、食材功能

性味 味甘，性寒。

归经 归胃、大肠经。

功能 紫色马铃薯除了具有丰富的营养成分之外，还具有营养保健功能，如抗氧化活性物质远高于普通马铃薯，故有“地下葡萄”的美称。

四、烹饪与加工

紫薯丸子

（1）材料：紫薯、紫色马铃薯、胡萝卜、葱、盐、五香粉。

（2）做法：将紫薯和紫色马铃薯煮熟，压碎成泥，加入胡萝卜丁和

紫薯丸子

葱花混匀，加入盐、五香粉等调味品，揉成光滑的紫丸子，即可食用。也可在丸子的外面裹炸粉，热锅，倒入适量的油，油温180℃左右，放入丸子。翻转炸至金黄色，捞出即食。

紫色马铃薯饼

（1）材料：紫色马铃薯、胡萝卜、尖椒、鸡蛋、面粉、黑胡椒粉、盐、花生油。

（2）做法：将紫色马铃薯、胡萝卜削皮洗净，尖椒洗净备用。紫色马铃薯、尖椒和胡萝卜均切丝备用。切好的食材放入盆中加1小勺盐、适量黑胡椒粉、1个鸡蛋、适量面粉，搅拌均匀。电饼铛预热后加入适量花生油。用筷子夹入拌好的土豆丝，尽量让它成圆形并用筷子按平整。盖上电饼铛开始煎饼。指示灯停了以后打开，用铲子把饼翻面。再稍微煎一下，煎至有点焦黄即可装盘。

五、食用注意

（1）胃肠病人不宜多吃紫色马铃薯。紫色马铃薯会促进胃酸分泌，食用过多，会造成胃酸分泌过多，从而加重肠胃患者的病情，不利于患者的身体健康。

（2）糖尿病患者不宜多吃。因为紫色马铃薯中含有大量的淀粉，过多食用后人体的血糖含量会急速上升，使糖尿病患者降血糖的功能受损，这非常不利于糖尿病患者的身体健康。

第一个吃土豆的人

远古时代，人们也只是将洋芋的花作为一种观赏植物，后来，随着时代变迁，慢慢地才发现它深埋地下的块茎还可以吃。

而第一个吃土豆的人，根据历史记载，在欧洲的瑞士有一个斯文逊，他长得一点都不好看，骨骼很粗大但是很腼腆，他的下巴上还长了一道非常恶心的沟壑，小朋友都不太敢靠近他。就是这样一个其貌不扬甚至有点让人敬而远之的男人，是第一个试吃了土豆的人。

玉米篇

玉米

桂薪玉米转煎熬，口体区区不胜劳。
今日难谋明日计，老年徒羡少年豪。
皮肤剥落诗方熟，鬓发沧浪画愈高。
自雇一寒成感慨，有谁能肯解绨袍。

——《感怀二首（其一）》

（宋）杨公远

一、物种本源

种属名

玉米，为禾本科玉蜀黍属一年生草本植物玉蜀黍的果实，又名玉高粱、苞谷、玉黍、苞米等。

形态特征

玉蜀黍是一年生高大草本植物，秆直立，通常不分枝，高1~4米，基部各节具气生支柱根。叶鞘具横脉；叶舌膜质，长约2毫米；叶片扁平宽大，线状披针形，基部圆形呈耳状，无毛或具疵柔毛，中脉粗壮，边缘微粗糙。顶生雄性圆锥花序大型，主轴与总状花序轴及其腋间均被细柔毛；雄性小穗孪生，长1厘米，小穗柄一长一短，分别长1~2毫米及2~4毫米，被细柔毛；两颖近等长，膜质，约具10脉，被纤毛；外稃及内稃透明膜质，稍短于颖；花药橙黄色，长约5毫米。雌花序被多数宽大

玉蜀黍植株

的鞘状苞片所包藏；雌小穗孪生，成16～30纵行排列于粗壮之序轴上，两颖等长、宽大、无脉，具纤毛；外稃及内稃透明膜质，雌蕊具极长而细弱的线形花柱。

习性，生长环境

玉蜀黍的花果期在秋季，我国各地均有栽培。玉蜀黍原产于中美洲和南美洲，它是世界重要的粮食作物，广泛分布于美国、中国、巴西和其他国家。玉蜀黍与传统的水稻、小麦等粮食作物相比，具有很强的耐旱性、耐寒性、耐贫瘠性以及较好的环境适应性。

二、营养及成分

每100克玉米所含主要营养成分见下表所列。

碳水化合物	72.2克
蛋白质	8.5克
膳食纤维	6.4克
脂肪	4.3克
粗纤维	1.3克
磷	21毫克
钙	17毫克
烟酸	2.4毫克
铁	2毫克

三、食材功能

性味 味甘，性平。

归经 归胃、大肠经。

功能 玉米中富含维生素（A、B_1、B_2、E及核黄素等）、锌、铜、铝、硒等微量元素及矿物质。玉米的花粉、胚芽中含有大量的维生素E和玉米黄酮，经常食用玉米制品可延缓人体衰老，增强体力和耐力。玉米果糖浆能防止牙龈出血，对心血管疾病的治疗具有辅助功效。

四、烹饪与加工

玉米山药马蹄糕

（1）材料：玉米、山药、白砂糖、马蹄粉、食用油。

（2）做法：将一段山药蒸熟，去皮切成小粒，玉米直接剥粒。先将马蹄粉加200克水和匀成生粉浆，锅里放白糖和100克水，小火边煮边搅成糖水。先加入玉米粒煮熟，再加入山药粒，可倒少量生粉浆勾芡，然后把煮好的玉米山药糖水全部冲入到生粉浆，和匀成半熟粉浆。取一平盘，刷少量食用油、倒入粉浆，用大火蒸10分钟左右成半透明状即可。待其冷却，切成小块即可食用。

五、食用注意

（1）玉米中含有的烟酸是结合型的，不易被人体吸收。如在烹煮时加入少量的小苏打或食用碳酸钠，烟酸由结合型转换成游离型就能被人体所吸收。

（2）发霉的玉米不可食用。

吕洞宾送玉米

古时候，辽东半岛连续数年闹灾荒。能吃的东西都被人吃光了，连种地的种子都没剩下。有一天，一个老汉背着半袋种子，领着一个妇人，走村串户，挨家发放粮食种子。

老汉说："乡亲们，你们把这个像人牙齿一样的种子种下去，到秋天就有饱饭吃了。"

村里人说："我们没见过这种东西，它叫什么名儿啊？"

妇人说："叫饱米。你们种了它，饱米给人吃，饱米杆子可以喂牛，牛吃饱了就能犁地。"

这老汉领着妇人一连发放了好多天种子，村民们十分感激。可是村民们都纳闷：发了这么多，老汉的袋子却不见瘪。

后来两人来到刘秀才家发放饱米种子。这位刘秀才知书达理，表示感谢后问道："敢问二位哪里人氏，怎么称呼？"

老汉说："俺两口子，蓬莱山人。"

刘秀才边想边说："两……口，吕也。山……人，仙也。莫非，您老是蓬莱仙师——吕洞宾！"话音刚落，这老汉和妇人就不见了。

咱们再说老百姓吧，到了秋后，饱米获得了大丰收，家家都吃上了饱饭。这饱米的名字，用了好多年，后来演变成了"苞米"。再后来，又来了荒年，数以万计的人，靠苞米渡过了难关。有人提议说，虽然咱们半岛上盛产珍贵的玉石，但在荒年里，苞米可以使人活命，玉石也赶不上苞米珍贵啊！将"苞米"改叫"玉米"才名副其实，才能表达老百姓的感激之情。

爆裂玉米

东入吴门十万家，家家爆谷卜年华。
就锅抛下黄金粟，转手翻成白玉花。
红粉美人占喜事，白头老叟问生涯。
晓来妆饰诸儿女，数片梅花插鬓斜。

——《爆孛娄诗》（清）赵翼

种属名

爆裂玉米，禾本科玉蜀黍属一年生草本植物玉蜀黍的果实，玉米类型之一。

形态特征

爆裂玉米的果穗和籽粒均较普通玉米小、内部几乎由角质胚乳组成，结构紧实、坚硬透明，遇高温有较大的膨爆性，即使籽粒被砸成碎块也不会丧失膨爆力。爆裂玉米即由此而得名。爆裂玉米有麦粒型和珍珠型两种，粒色白、黄、紫或有红色斑纹，但膨爆之后均裸露出乳白色的絮状物、呈蘑菇状或蝴蝶状。籽粒主要用作爆制膨化食品，有些一株多穗类型可种为观赏植物。籽粒含水量适当时加热，能爆裂成大于原体积几十倍的爆米花。

爆裂玉米

习性，生长环境

爆裂玉米起源于美洲的墨西哥、秘鲁、智利沿安第斯山麓广大地区，有悠久的栽培历史。种植时应选择肥沃且排水良好的土壤，播种深度为3~4厘米。

二、营养及成分

爆裂玉米能量较高，研究表明42.5克的爆裂玉米能量与2个鸡蛋的能量相同，同时富含蛋白质、磷脂、纤维素、矿物质及维生素A、B_1、E，其蛋白质含量是同等重量牛排的67%，铁和钙的含量是牛排含量的1.1倍；籽粒的含水量决定它的膨爆质量，公认的标准是籽粒含水量13.5%~14.0%最为适宜。

三、食材功能

性味 味甘，性平。

归经 归胃、大肠经。

功能 玉米有利尿、止血、利胆、降压、降糖等作用，对高血压、糖尿病、胆囊炎、肝炎等疾病的食疗效果好。

（1）爆裂玉米含有膳食纤维，具有刺激胃肠蠕动、加速粪便排泄的作用。

（2）爆裂玉米所富含的天然维生素E能促进血液循环、降低胆固醇，对胃病及动脉硬化和脑功能衰退等疾病的治疗有辅助作用。

（3）其胚芽所含的营养物质，能增强人体新陈代谢、使皮肤细嫩光滑，抑制、延缓皱纹的产生。

四、烹饪与加工

爆米花

（1）材料：爆裂玉米、色拉油、糖粉或白砂糖。

（2）做法：把玉米粒倒入锅里，再倒入色拉油，用铲子拌匀，使玉米粒均匀裹上油脂；盖上盖子，开大火烧2~3分钟，听到噼啪声时，转成中火，一直到不再有噼啪声了关火。

打开盖子，撒入糖粉或者白砂糖，用铲子翻拌均匀，或者按牢盖子摇晃拌匀即可出锅。

爆米花

五、食用注意

发霉的爆裂玉米不可食用。

爆裂玉米的传播

爆裂玉米起源于美洲的墨西哥、秘鲁、智利沿安第斯山麓广大地区。在欧洲殖民者进入美洲大陆以前、爆裂玉米和其他玉米一起从墨西哥向东向北传播。在秘鲁发掘出的公元300年印第安人遗留下的墓葬陶器上，镶嵌有典型的原始爆裂玉米果穗；还发掘出距今1000年左右保存完好的爆裂玉米籽粒，只要稍微加热仍能膨爆；还有用石头凿成的凹形器皿以及长把黏土容器，被认为是专供膨爆玉米的工具。1519年，西班牙人库尔台兹最早记述了阿兹德克人把爆裂玉米作为主要食品之一。

白玉米

泪成玉米田何处，身别龙门夏已丘。
临水登山归莫送，汨罗南望断离愁。

——《赋得摇落深知宋玉悲（其五）》（清）屈大均

一、物种本源

种属名

白玉米，为禾本科玉蜀黍属一年生草本植物玉蜀黍的果实。

形态特征

白玉米株高220厘米，穗长23厘米左右，穗行14～16行，千粒重290克左右，白轴白粒，叶片深绿挺直，透光性好，抗倒伏。

习性，生长环境

白玉米生长期内素喜温暖多雨。我国各地都有种植，对土壤要求不严格。土质疏松、土层深厚，有机质丰富的黑钙土、栗钙土和砂质壤土都可以种植。

二、营养及成分

每100克白玉米所含主要营养成分见下表所列。

碳水化合物	70.7克
蛋白质	8.8克
脂肪	3.8克
钾	262毫克
磷	244毫克
锌	185毫克
镁	95毫克
烟酸	23毫克
钙	10毫克

营养成分	含量
维生素E	8.2毫克
钠	2.5毫克
铁	2.2毫克
铜	0.3毫克

三、食材功能

性味 味甘，性平。

归经 归胃、大肠经。

功能 白玉米具有益肺宁心、健脾开胃、健脑、利尿、利胆、降血压、降血脂的功效。

什锦玉米粒

四、烹饪与加工

白玉米排骨汤

（1）材料：白玉米块、排骨、盐、味精。

（2）做法：先将白玉米块放入锅内，加入适量的水，开大火煮；接着将排骨放入另一个冷水锅中煮至沸腾后熄火，再将排骨洗净；然后将排骨加入玉米锅中大火煮沸后转中小火再煮40分钟；最后加入盐、味精调味即可。

白玉米排骨汤

五、食用注意

白玉米中含有的烟酸是结合型的，不易被人体吸收。

哥伦布与玉米

1492年，航海家哥伦布将他在靠近美洲大陆海地岛时看到的玉米报告给西班牙国王，他把那里独有的重要农作物称之为“神奇的谷物”，描述其“甘美可口，焙干，可以做粉”。1494年，哥伦布再度航海归来，把玉米果穗奉献给西班牙国王。哥伦布发现美洲新大陆并将玉米带回欧洲，后来玉米传遍世界各地。

高蛋白玉米

一枝独秀蛋白高，异口同声皆颂妙。
华夏代有珍品出，炎黄子孙共荣耀。

——《高蛋白玉米》（现代）
陈德胜

一、物种本源

种属名

高蛋白玉米即优质蛋白玉米，又称高赖氨酸玉米，禾本科玉蜀黍属一年生草本植物玉蜀黍的果实，是籽粒中富含赖氨酸的玉米类型。

形态特征

高蛋白玉米的形态特征与普通玉米无异，但高蛋白玉米的籽蛋白含量在15%以上，赖氨酸含量约为4%，远高于普通玉米。

习性，生长环境

高蛋白玉米是一种高产、优质的粮食作物，属于中晚熟品种，春播生育期120天，夏播生育期105天，对土质的要求不高，比较耐干旱，耐瘠薄，抗倒伏，适应性强。中国农科院作物研究所育成的“中单206”是目前国内最好的高赖氨酸玉米品种，产量高，并且适植性广，在新疆、四川、浙江、江苏、湖南、辽宁、山东等地均有种植。

二、营养及成分

每100克高蛋白玉米所含主要营养成分见下表所列。

淀粉	66.9~73.6克
蛋白质	11.6~13.8克
脂肪	3.2~6.4克
纤维素	1.7~2克
磷	319~369毫克

钾	270~342毫克
镁	60~90毫克
钙	49毫克
锌	21.6毫克
铁	3.4毫克
维生素B_3	2.3毫克
胡萝卜素	0.3毫克
维生素B_1	0.3毫克
维生素B_2	0.1毫克

三、食材功能

性味 味甘，性平。

归经 归肝、肾、膀胱经。

功能 高蛋白玉米具有利尿消肿、平肝利胆、健脾开胃、益肺宁心、清湿热等功效。

四、烹饪与加工

玉米片

（1）材料：高蛋白玉米、碱粉、调味料、油。

（2）做法：选择新鲜、饱满的优质高蛋白玉米，用脱皮机脱皮，然后加入1%的碱粉于水溶液中，在常温下浸泡12小时。取出后用清水洗净（3~4次），放在蒸笼内蒸40分钟；蒸熟后降至常温的玉米，在压片机上反复碾压6~7次，压成0.15~0.2厘米厚的整片，冲压或切成方块或其他形状；将油烧热，放入成型玉米片，上下翻搅几次，待玉米呈金黄色、膨松、酥脆时即可捞出。炸好捞出的玉米片，稍冷后喷洒上调味料，拌匀即可食用。

玉米片

鸡蛋玉米羹

(1) 材料：玉米、鸡蛋、淀粉、牛奶、料酒、精盐、葱、姜。

(2) 做法：炒锅烧热，用葱、姜、料酒煸锅后加水，倒入玉米、鸡蛋、牛奶和盐，开锅后加入淀粉勾芡即可。

鸡蛋玉米羹

五、食用注意

（1）缺钙、铁等元素的人群不宜食用。因为高蛋白玉米里含有植酸和食物纤维，会结合形成沉淀，阻碍机体对矿物质的吸收。

（2）患消化系统疾病的人群不宜食用。如果患有肝硬化食道静脉曲张或是胃溃疡，进食大量高蛋白玉米易引起静脉破裂出血和溃疡出血。

（3）免疫力低下的人群不宜食用。如果长期每天摄入的纤维素超过50克，会使人的蛋白质补充受阻、脂肪利用率降低，造成心脏等脏器功能的损害，降低人体的免疫力。

高蛋白玉米的由来

传说在遥远的过去，仁慈的太阳神降临人间，他看到荒凉的原野什么庄稼都没有，人们吃的是草籽、野果，披的是树叶、兽皮。太阳神就从天国里带来了一袋金灿灿的种子，还赠给人们一把长长的木锄。勤劳的印第安人就用木锄刨开了沉睡的大地，撒下了金色的种子。于是，美洲的大地上就长出了葱茏的玉米，结出硕大的果穗和晶莹如玉的籽粒。在漫长的岁月里，印第安人就依靠种植和采集太阳神赐予的玉米果穗作为食品，用它的秸秆作为柴薪，用它的苞叶编织衣物，如此世代相传，繁衍不息。

高油玉米

玉米秋成晒满场，长杨丛立守其旁。
老翁更持老烟杆，斜阳影里袅微香。

——《漯河往鲁山车中四首（其三）》（明）卢青山

一、物种本源

种属名

高油玉米，为禾本科玉蜀黍属一年生草本植物玉蜀黍的果实，是运用现代科学技术创造出来的一种高附加值专用玉米新类型，其突出特点是籽粒含油量高。普通玉米含油量为4%～5%，而高油玉米含油量比普通玉米高50%以上。

形态特征

高油玉米植株较高，平均为285厘米，茎秆硬而粗壮；叶宽厚，叶色深绿，叶绿素含量高，光合作用效率高；籽粒深黄色，呈半马齿形。

习性，生长环境

高油玉米表现为抗逆性强、活秆成熟、适应性强、高产稳产、植株根系发达、单株增产潜力较大。生长期间抗旱耐涝、耐高温、抗倒伏、抗病虫害，对危害我国谷物的大斑病、小斑病等具有突出的抵抗能力，对茎基腐病甚至达到了近免疫的程度。

高油玉米春播生育期为120天，属于中晚熟类型，需肥料较多，尤其对钾肥需要量大，对土壤气候要求不严。较高盐碱度的土壤和短恶劣的气候不影响高产。高油玉米适应性广，既可以在北方春播玉米区种植，又可以在黄河以南地区种植。

二、营养及成分

同普通玉米相比，高油玉米最突出的特点是具有较高的含油量。普通玉米的含油量为4%～5%，而高油玉米的含油量为7%～10%。此外，高油玉米还含有较多的蛋白质和赖氨酸，类胡萝卜素含量也较高。

三、食材功能

性味 味甘，性平。

归经 归胃、大肠经。

功能 高油玉米具有普通玉米缓解便秘、降低胆固醇、明目等功效，其主要功能价值表现在玉米胚芽榨出的玉米油不仅营养丰富，还有一定的药用价值。

四、烹饪与加工

椒盐玉米粒

（1）材料：玉米粒、油、椒盐、红辣椒、绿辣椒。

（2）做法：将玉米粒沥干水分，放入碗中备用。锅中加适量油，比炒菜稍多一些，烧至七八成热时倒入玉米粒，不要立刻用铲子拨动，等待约半分钟后再用铲子搅散。炒几下，停一会儿，不要一直翻动。待玉米粒呈金黄色后加入红、绿辣椒丁，再翻炒一会儿，熄火，趁热撒入椒盐，拌匀即可。

椒盐玉米粒

五、食用注意

（1）高油玉米中的油含量较高，减肥人群不宜过多食用。

（2）高油玉米容易发霉，产生各种毒素，发霉的高油玉米不可食用。

玉米的传播

15世纪末，葡萄牙人将玉米带到印度尼西亚的爪哇岛，印度尼西亚是一个由18000多个大小岛屿组成的“万岛之国”，爪哇岛是其中的第四大岛。种植玉米的葡萄牙人，陆续把玉米引种至南非等地。葡萄牙人为解决向南美洲贩运奴隶时所需的粮食，于16世初将玉米引入西非殖民地，在17世纪中叶经陆地传到非洲南部。

而国内有关玉米的最早文献记载则是在1511年的《颍州志》中，由此推断玉米传入我国可能是在1500年前后。

黑玉米

关公胡子包公脸，不尝难断好奇心。
中医言黑能益肾，先生老总别不信！

——《黑玉米》 流传于江苏、山东的儿歌

一、物种本源

种属名

黑玉米，为禾本科玉蜀黍属一年生草本植物玉蜀黍的果实，也叫紫玉，是玉米的一种特殊类型，其籽粒角质层不同程度地沉淀黑色素，外观乌黑发亮。

形态特征

黑玉米植株高大，茎秆坚韧、挺直。叶窄而大，边缘波状，于茎的两侧互生。雌雄同体，雄花花序穗状顶生。雌花花穗腋生，成熟后成谷穗，具有粗大的中轴，小穗成对纵列后发育成两排籽粒，籽粒可食。其籽粒、穗轴均为紫黑色，果皮较薄，口感好、品质好。黑玉米具有色泽独特、营养丰富等特点。

习性，生长环境

黑玉米适宜在我国大部分玉米种植区种植。春、夏季均可种植，种植方式与普通玉米基本相同，栽培方法简单。

黑玉米段与黑玉米粒

二、营养及成分

黑玉米不仅含有普通玉米所没有的天然黑色素，其所含的蛋白质、脂肪、粗纤维、矿物质及微量元素均高于普通黄玉米，蛋白质含量丰富，占比为13%～15%，所含氨基酸种类比较齐全，比普通玉米高30%左右。与普通玉米相比，黑玉米脂肪中不饱和脂肪酸的比例较高；铁、铜、磷分别高出50%、20%和15%，锌和钙均高出约35%，锰也要高出接近6%。此外，黑玉米中的淀粉含量仅为普通玉米的70%。

三、食材功能

性味 味甘，性平。

归经 归胃、大肠经。

功能 黑玉米有利尿、止血、利胆、降压、降糖等功效，对高血压、糖尿病、胆囊炎、肝炎等疾病的食疗效果好。

四、烹饪与加工

蜂蜜黑玉米果仁汤

蜂蜜黑玉米果仁汤

（1）材料：赤小豆、黑玉米、无花果干、花生仁。

（2）做法：将赤小豆和花生洗净，用清水浸泡1小时；黑玉米、无花果洗净待用；把无花果、黑玉米、赤小豆和花生仁放入煲里，倒入6碗水，大火煮开，转中小火煲一个半小时，即可饮用；或待汤水降温至80℃

以下后加一勺蜂蜜再品尝。

五、食用注意

（1）老年人不宜多食。黑玉米虽是不错的食物，但是老年人这一特殊群体，应该尽量少吃，因为黑玉米中的食物纤维会对肠胃造成很大负担，且吃多了极容易引起消化不良、便秘等症状，不利于老年人的身体健康。

（2）消化系统不好的人群不宜食用。黑玉米属于粗粮中的一种，食用之后会增加肠胃的消化负担，而且还容易引起静脉破裂出血或者肠胃溃疡出血，所以消化系统不好的人最好不要吃黑玉米。

（3）黑玉米受潮霉坏变质产生黄曲霉素，有致癌作用，应当禁忌食用。

黑玉米兄弟的故事

玉米兄弟，是一根玉米，一根无化肥农药添加剂的黑色玉米。玉米兄弟，也是两个人，玉米哥和玉米弟，来自山西的70后新农人创业组合。主要做的是有机黑玉米，真空包装的，也是山西忻州的一个地标农产品。由于地理气候的原因，忻州也属于玉米的一个小的黄金产区。那里的玉米品质比较好，香甜软糯，2012年被农业农村部批准为地理标志农产品。从2010年到现在，玉米兄弟只做了一件事，那就是黑玉米，从普通种植到有机种植，从传统渠道到电商再到微商渠道。新农人一头要连接古老的种植，另一头要连接最新的互联网。玉米兄弟是连接古老与现代的一个中介。2014年玉米兄弟开始从事网络销售，最初是和其他的电商进行合作，同时也自己摸索开网店，没有价格优势也是不太好做。后来通过赠送优惠等活动，逐渐打动顾客，最终靠口碑赢得了一些用户。2015年社交软件开始兴起，农产品微商开始兴起，玉米兄弟根据形势作了调整，于是就诞生了玉米兄弟。2015年玉米兄弟带着黑玉米，在农特微商圈内形成一股黑色风暴。

糯玉米

黍貌不差半毫分，糯有嚼劲缠牙根。
支链淀粉胎生就，遗憾亏欠控糖人。

——《糯玉米》（现代）陈磊

一、物种本源

种属名

糯玉米，为禾本科玉蜀黍属一年生草本植物玉蜀黍的果实，又名黏玉米或蜡质型玉米。

形态特征

糯玉米籽粒中有较粗的蜡质状胚乳，较像硬质玉米和马齿型玉米，有光泽的玻璃质（透明）籽粒。其化学性状和物理性状受位于第9染色体上的单个隐性基因控制。糯玉米株型紧凑，叶色深绿，高抗病，出苗至采收为80~90天。株高240厘米，穗位高139厘米，果穗长21厘米，鲜穗时籽粒为紫红色，成熟时穗籽粒为黑色、轴白色，单穗重400~500克。穗锥形、口感好、种皮薄，有特殊的芳香味，糯性强。

习性，生长环境

糯玉米覆土深度不宜超过3厘米，北方地区春播、南方地区冬播，应待地温稳定在12℃以上方可播种。

二、营养及成分

糯玉米含有人体所必需的蛋白质、不饱和脂肪、氨基酸及微量元素，糯玉米籽粒中营养成分含量高于普通玉米，含70%~75%的淀粉、10%以上的蛋白质（蛋白质含量比普通玉米高3%~6%）、4%~5%的脂肪、2%的多种维生素。糯玉米基因的遗传功能，使糯玉米胚乳淀粉类型和性质发生变化，糯玉米胚乳中的淀粉全为支链淀粉，糯性强，比普通玉米易于消化。

三、食材功能

性味 味甘，性平。

归经 归胃、脾经。

功能 糯玉米具有开胃、健脾、除湿、利尿等功效，主治腹泻、消化不良、水肿等。

四、烹饪与加工

糯玉米鸡蛋骨头汤

（1）材料：糯玉米、排骨、葱、姜、盐、鸡精。

（2）做法：将糯玉米切段或者一粒粒掰出，洗净后加水，放入除血的排骨段，加入葱段、姜片，用高压锅煮20分钟。煮熟后，加入葱花、盐、鸡精调味后即可食用。

糯玉米鸡蛋骨头汤

五、食用注意

（1）糯玉米中含有的烟酸是结合型的，不易被人体吸收。如在烹煮时加入少量的小苏打或食用碳酸钠，烟酸由结合型转换成游离型就能被人体所吸收。

（2）糯玉米易发霉，发霉的糯玉米易产生各种毒素，不能食用。

马良和糯玉米仙子

传说在马嘴河附近有一个名叫马良的人，开荒种了十多亩糯玉米。马良把这些糯玉米看得像宝贝似的，起早贪黑，辛勤地耕耘着，下种、施肥、培土，还傻呆呆地自个儿对着玉米苞说话哩。马良劳作几年下来，屋子里、仓房里堆的，檐下挂的都是糯玉米。

一年的中秋之夜，明月当空，马良在院子里摆上月饼、糕点，备好了酒，要跟这堆成山的糯玉米一块儿过节。这时候，突然传来"马良、马良"的喊声，听声音好像是个女人在喊他，马良抬头一看，只见从糯玉米堆中走出一位姑娘。马良简直不敢相信自己的眼睛，可是，没错呀！

姑娘已经走到了马良的身边。马良惊讶地问："你……你是谁家女子？怎么来到我的茅草屋？"那女子说："我是糯玉米仙子，感谢郎君跟我朝夕相伴，如不嫌弃，愿以身相许。"

原来，这满屋的糯玉米是糯玉米仙子变的。糯玉米仙子见马良又勤劳又忠厚，早就爱上他了。今天中秋佳节，特地来跟马良相见，倾诉衷肠。马良见糯玉米仙子漂亮温柔，一片诚心，自然是十二个同意。于是，糯玉米仙子搬来了自己酿造的美酒，两人花前月下，饮酒谈心，对天盟誓，订下了终身。

这事被老峨山九老洞的龙王和蛇夫人知道了，就在马良和糯玉米仙子成亲的那天，他们变作老夫妻俩，前去祝贺。正当宾朋举杯，围着新郎、新娘祝贺的时候，龙王和蛇夫人突然露出了本相，指挥龙兵蛇将一拥而上，抢走了糯玉米仙子和她酿造的美酒。

龙王把糯玉米仙子掳进了九老洞里，威胁她说："你就在这洞里给我酿酒，要不然的话，我就要把你活活地饿死！”糯玉米仙子又气又恨，哪里还肯给他酿酒！龙王恼羞成怒，便把糯玉米仙子关进了牢里。糯玉米仙子虽有一身武艺，可此时已做了阶下囚，纵有天大的本事也无法施展。她泪流满面，默默地思念着马良。

再说马良见糯玉米仙子被龙王抢走，实在伤心，痛哭不已，下决心一定要把糯玉米仙子救出来。他到处找啊，找啊，终于找到了九老洞。他悄悄地潜进洞去，杀死了两个看守牢门的蛇兵，打开了牢门。夫妻相见，抱头痛哭。

马良说：“这儿不是久留之地，我们得快些逃出去。”他们缴了蛇兵的两口宝剑，杀出了洞门。龙王和蛇夫人得报，亲自率领龙兵蛇将追上来。马良只顾护着糯玉米仙子逃走，冷不防龙王从身后掷来一支飞剑，正中马良后心，马良含恨倒在马嘴河边。

糯玉米仙子见马良中箭倒地，悲愤难忍，咬紧牙关，挥舞宝剑，杀退了龙兵蛇将。龙王和蛇夫人一看不妙，欲想逃命，糯玉米仙子哪里肯放过他们，追赶上去一剑一个，杀死了妖魔，为马良报了仇。糯玉米仙子安葬了马良，肩挑竹箩篼，飞上天宫，装满了两箩篼糯玉米，向马良的墓地撒去，只见满天的糯玉米纷纷扬扬地洒落在马嘴河两岸。从此，那里的人民就以种糯玉米为生。

笋玉米

嫩似鲜竹笋，脆若麦冬根。
君若餐一次，难忘到终生。

——《笋玉米》流传于山东济宁一带的儿歌

种属名

笋玉米，为禾本科玉蜀黍属一年生草本植物玉蜀黍的幼嫩果穗。

形态特征

笋玉米下粗上尖，形如小竹笋，也称为玉米笋。雌穗由植株叶腋的腋芽发育而成，一株玉米除最上部的4~6节外，其下每节都有一个腋芽，但并不是所有腋芽都能发育成果穗，除多穗玉米外，一般品种只有1~2个腋芽能形成雌穗，多穗玉米可形成5~6个雌穗。

习性，生长环境

正常情况下，春玉米出苗后35~40天、夏玉米出苗后20天雌穗腋芽

笋玉米罐头

开始分化，至吐丝期，专用型笋玉米单株可形成5个笋玉米。由于顶部幼穗对下部幼穗的生长具有顶端优势，一般专用型的笋玉米可分批采摘4～5个笋玉米，其中1～2个较大，3～4个较小。粮笋兼用和甜笋兼用型玉米，根据其生长情况，除最根部果穗正常收获外，通常也可采摘回1～2个笋玉米。近来，山西、山东、福建、广东等省已开始大面积种植和加工笋玉米。

二、营养及成分

每100克笋玉米所含主要营养成分见下表所列。

蛋白质	29.9克
糖	19.1克
脂肪	1.5克
磷	500毫克
钙	374毫克
维生素C	110毫克
铁	6.2毫克
维生素B_2	0.8毫克
维生素B_1	0.5毫克

三、食材功能

性味 味甘，性平。

归经 归胃、大肠经。

功能 笋玉米有利尿、止血利胆、降压、降糖等功效，对高血压、糖尿病、胆囊炎、肝炎等疾病的食疗效果好。

四、烹饪与加工

蜂蜜玉米笋汁

（1）材料：笋玉米、蜂蜜。

（2）做法：清洗笋玉米，放入沸水中预煮5分钟，将其捞出立即放入流动的清水中充分冷却、漂洗，将冷却的笋玉米用榨汁机榨汁，加入蜂蜜调节口感。

蜂蜜玉米笋汁

五、食用注意

笋玉米食用或者加工前要防霉变，避免黄曲霉毒素的产生。

延伸阅读

郑和下西洋，助力玉米笋（笋玉米）的传入

和甜玉米相同，玉米笋同样起源于中南美洲，与玉米不同的是，并不是中美洲的加勒比地区，而是墨西哥南部。玉米笋的祖本是类蜀黍的野草，于明朝时传入中国。在郑和的最后一次远航中，他所带领的三支舰队，经由好望角前往美洲。一支舰队从美洲东岸向北走，另外两支舰队经过麦哲伦海峡到达南美洲的西岸，也就是玉米的起源地。

在这次的远航中，中国舰队收获不少：在从各地带回的粮食作物的种子和稀奇古怪的动物中，就有后来在我们的饮食文化中发挥着不可估量作用的甜玉米。所以说，七下西洋的郑和与他所带领的舰队，都是玉米笋流入中国的“得力功臣”。

甜玉米

排列整齐口感嫩，甘似代甜木糖醇。
老少皆宜地恩赐，美食满足嘴福人。

——《甜玉米》（现代）石成功

一、物种本源

种属名

甜玉米，禾本科玉蜀黍属一年生草本植物玉蜀黍的果实，又称蔬菜玉米等，是玉米栽培中的一个变种，由普通玉米发生基因突变，经分离选育而成。

形态特征

甜玉米的形态特征与普通玉米类似，但比普通玉米营养丰富，种皮薄，小巧可爱呈椭圆形，因果实小而极具观赏性。

甜玉米的茎秆直立，高1~3米。秆粗大，节间长，节部生叶，长而大的叶鞘包围茎秆。分枝力差，下部接近地面数节，易发生不定根，直插土中，支撑茎秆，花为雌雄同株异花，雄花着生顶端呈穗状，雌花为穗状生于叶鞘间，一节生一穗，也有生2~3穗的。每穗顶上有紫红色的雌蕊的花柱呈软毛状下垂。子房数和长软毛数相一致。

烤玉米

习性，生长环境

甜玉米原产于美洲，为喜温、短日照作物，生长期间需较多水分；对土壤适应范围较广，土层深厚、排水良好、富含有机质的土壤更佳。甜玉米可以分为普通甜玉米、超甜玉米和加强型甜玉米三类，甜玉米因含糖量高、采收期长而在我国得到广泛种植。

二、营养及成分

甜玉米的蛋白质含量为10.6%，脂肪含量为9.1%，粗脂淀粉含量为29.06%（支链淀粉含量高达90.8%），总糖量高达33.6%，含糖量为10%~20%，是普通玉米含糖量的1~4倍。与普通玉米和糯玉米相比，甜玉米的氨基酸总量分别高23.2%和12.7%。

三、食材功能

性味 味甘，性平。

归经 归胃、大肠经。

功能 甜玉米有利尿、止血、利胆、降压、降糖等功效，对肾炎水肿、高血压、糖尿病、胆囊炎、肝炎等疾病的食疗效果好。

四、烹饪与加工

牛奶甜玉米

（1）材料：甜玉米、纯牛奶。

（2）做法：先把甜玉米切段，加入适量的水，放入锅中煮熟，然后取出放另一锅中，加入纯牛奶继续煮一会儿，让玉米和牛奶的醇香互相渗透，即可食用。或者根据个人喜好，将甜玉米剥粒后煮熟，将煮熟的玉米粒捞出和牛奶用破壁机搅拌，使玉米粒粉碎均匀。用纱布过滤，即可食用。

牛奶甜玉米

| 五、食用注意 |

甜玉米里面的糖分含量过高，对糖尿病患者来说是不适合的，如果吃得太多血糖就会上升，可能会出现急性并发症。

甜玉米简史

1779年，当时一支远征考察队从美洲印第安人耕作地里带回一些被称之为“Papoon”（乳、软食甜味之意）的甜玉米穗。1828年，索布率先发表了甜玉米的文章。然而，世界上广泛栽培甜玉米只有100多年的历史。1836年，诺诶斯·达林育成第一个名为“达林早熟”的品种。1900—1907年，美国开始正式设立甜玉米育种项目。1924年，琼斯育成第一个白粒“瑞德格林”（Redgreen）甜玉米单交种。1927年史密斯育成著名单交种“高登彭顿”，并广泛栽培直至今天。

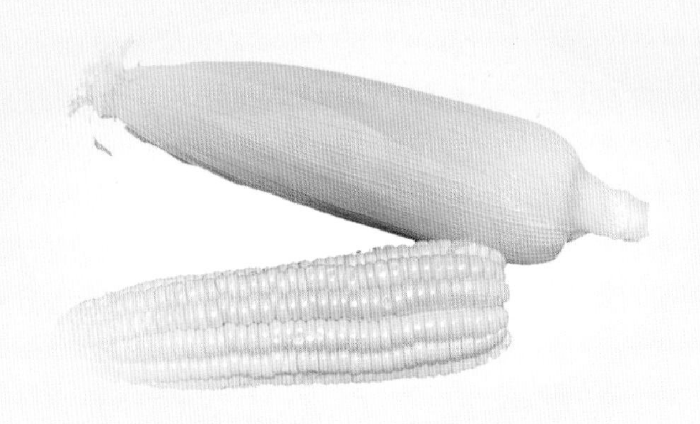

珍珠黄玉米

雨过疏篱蟋蟀鸣，夕阳西下月初生。
乡村风景秋来好，一架新凉话豆棚。
罗衣初卸露黄肤，累累嵌成万颗珠。
最爱佳名同菽粟，秋收满斛不输租。

——《题画豆玉蜀黍》（清）王彰

一、物种本源

种属名

珍珠黄玉米，为禾本科玉蜀黍属一年生草本植物玉蜀黍的果实。

形态特征

珍珠黄玉米的玉米秆不高，但坚实挺直，玉米粒小且溜圆，粒多粉少、色泽金黄透亮，形似晶莹的黄色珍珠，故得名。

习性，生长环境

珍珠黄玉米是广西巴马县地方特产，主产于几个具有独特气候和特殊土质的石山乡村，生长期长。

二、营养及成分

珍珠黄玉米的营养成分和普通黄玉米一样，营养丰富，蛋白质含量高，食用易消化，热量低，含不饱和脂肪、赖氨酸、镁、纤维素、

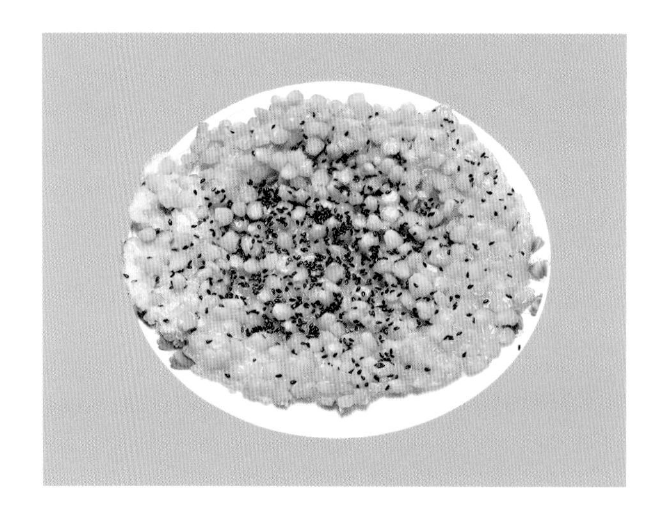

玉米烙

胡萝卜素等，经常食用还能增强人的脑力，有益于健康和美容。其富含的叶黄素和玉米黄素，作用胜似营养素，能预防白内障的发生。

三、食材功能

性味 味甘，性平。

归经 归胃、大肠经。

功能 珍珠黄玉米有利尿、止血利胆、降压、降糖等作用，对高血压、糖尿病、胆囊炎、肝炎等疾病的食疗效果好。用珍珠黄玉米制成的食物，被当地群众称为“长寿粥”或“黄金食”。

四、烹饪与加工

黄玉米枸杞粥

（1）材料：珍珠黄玉米、枸杞子。

（2）做法：将珍珠黄玉米淘洗干净，剥粒，放入锅中，加入足够的水，开始熬粥，待玉米粒变得软糯了，放入提前洗净泡软的枸杞粒，用火焖10分钟，即可食用。

黄玉米枸杞粥

五、食用注意

（1）珍珠黄玉米容易发霉，发霉易产生大量毒素，不能食用。

（2）缺钙、铁等元素的人群宜不食或少食，因为玉米中含有植酸和食物纤维，会结合形成沉淀，阻碍机体对矿物质的吸收。

珍珠黄玉米的传说故事

相传瑶族始母密洛陀与布罗西结为夫妻，生下三个儿子。长大分家时，老大只要一把秤杆，他外出经商，渐渐地融为汉族。老二带着母亲分给的稻种，到平原地带造田耕种，融为壮族。老三保留族性，承担起赡养慈母的重任。密洛陀十分疼爱这位憨厚朴实的满儿，于是把身上仅有的一粒长生不老金丹送给他，并嘱咐他拿到石山上播种。

那年秋天，山上满是结了金丹粒的米棒。这是珍珠黄玉米来历的传说。珍珠黄玉米适应大石山区的气候。它不像其他玉米品种那样要用化肥和农药的精心呵护才能成长。每到抽穗之时，稍微用一些农家肥去培根，它便能结出金灿灿的棒子。虽然产量不高，但省去了繁杂的工序和高昂的成本，只需要简单的劳作便可得到收获，非常适合生活在石山中的布努瑶人耕种。每年开春时节，勤劳的布努瑶山民便在碗口大的石缝中播下希望的种子。春雨过后，一簇簇鲜绿的生命便“破石而出”，它们昂着脑袋呼吸清新的空气，那姿态似乎在向人们展示那顽强的生命力。

参考文献

[1] 陈寿宏. 中华食材 [M]. 合肥：合肥工业大学出版社，2016.

[2] 薛杨，章宸，武志博，等. 长粳米蒿中倍半萜类化学成分研究（英文）[J]. Journal of Chinese Pharmaceutical Sciences，2018，27（8）：576-581.

[3] 张勇."四不象"作物——珍珠米 [J]. 天津农林科技，2001（3）：12.

[4] 陈醉. 胭脂米，叩响红楼闺阁 [J]. 浙江画报，2015（1）：30-31.

[5] 王滨. 玉田县：胭脂稻原产地 [J]. 黑龙江粮食，2016（4）：40-42.

[6] 韩雪琴，刘磊，黄立新. 不同品种糯米浸泡前后的理化特性比较 [J]. 现代食品科技，2020，36（2）：46-52.

[7] 庄坤，张挽挽，代钰，等. 糯米粉不同碾磨方式对汤圆蒸煮及食味品质的影响 [J]. 食品科技，2020，45（1）：245-250.

[8] 郝赫男. 不同热处理对大米及糯米淀粉理化性质和体外消化性的影响研究 [D]. 北京：北京林业大学，2019.

[9] 张文彦，杨晓帆，张志坚，等. 云南墨江紫米花青素抗氧化活性的研究 [J]. 粮食与饲料工业，2018（10）：37-39.

[10] 杨宁，熊思慧，何静仁，等. 紫米营养功能成分及其游离态与结合态组成的HPLC/LC-MS分析 [J]. 食品与机械，2017，33（4）：27-32.

[11] 谢卷城. 兴宁市优质丝苗米的特点及绿色高效栽培技术 [J]. 现代农业科

技，2019（21）：23–24.

[12] 钟国才，陈威，陈嘉东，等. 增城丝苗米米饭理化性质与质构特性的相关性分析 [J]. 现代食品科技，2013，29（11）：2607–2611.

[13] 罗罡，崔梦麟，曹晓平. “桃花米”保护开发获成功 [J]. 种植与养殖，2009（4）：15.

[14] 洪泽. 中国传统名贵稻米 [J]. 致富之友，1999（5）：35.

[15] 童姝. 籼米淀粉–脂质复合物的制备、结构表征及消化特性研究 [D]. 杭州：浙江工商大学，2020.

[16] 史韬琦，张晨，丁文平，等. 不同品种籼米直链淀粉含量对米线加工特性和品质的影响 [J]. 食品工业科技，2021，41（19），33–38+44.

[17] 李梁，薛蓓，刘振东. 墨脱香米和红米营养成分分析及评价 [J]. 营养学报，2018，40（6）：622–624.

[18] 赵卿宇，郭辉，沈群. 两种香米在不同温度储存过程中理化性质和食用品质的变化 [J]. 食品科学：2021，42（9）：160–168.

[19] 李峰. 开心稻田有机米绿色生态新品牌 [J]. 中国农垦，2019（6）：4–5.

[20] 天然营养宝库——小麦胚芽的营养成分与保健功效 [J]. 粮食加工，2018，43（4）：48.

[21] 两种白小麦新品种 [J]. 河南农业，1999（1）：35.

[22] 宋维秀，辛淑霞. 小麦品质抗旱性的某些特点 [J]. 陕西农业科学，1980（5）：34–37.

[23] 李华，马丹妮，吴莹晗，等. 五种黑小麦的营养价值、抗氧化活性和淀粉消化性 [J]. 食品与发酵工业，2020，46（12）：80–86.

[24] 吴莹晗，马丹妮，李华. 黑小麦营养价值功能性物质及其影响因素的研究进展 [J]. 农产品加工，2019（18）：58–60.

[25] 李莉，覃鹏. 彩色小麦的遗传与营养成分研究进展 [J]. 贵州农业科学，2020，48（1）：9–12.

[26] 张慧，李莉，张朝旭，等. 彩色小麦籽粒营养功能成分的差异 [J]. 云南农业大学学报（自然科学），2019，34（6）：911–914.

[27] 李铁梅，王玺，刘美玉，等. 不同品系马铃薯营养成分测定及筛选研究 [J]. 食品安全质量检测学报，2020，11（12）：4069–4074.

[28] 刘燕飞. 红皮土豆高产栽培技术 [J]. 农民致富之友，2016，5：208.

[29] 杨丽萍. 三种马铃薯淀粉物化性质、精细结构及其酸改性研究 [D]. 合肥：安徽农业大学，2019.

[30] 代春华，刘晓叶，屈彦君，等. 不同产地马铃薯全粉的营养及理化性质分析 [J]. 食品工业科技，2019，40（19）：29-33.

[31] 王金华，秦礼康，叶春. 乌洋芋主要营养成分分析与评价 [J]. 食品与机械，2007（11）：79-82.

[32] 郝艳玲，刘增，牟婷婷，等. 乌洋芋与紫薯营养成分比较 [J]. 浙江农业学报，2014，26（5）：1336-1340.

[33] 高文霞. 紫色马铃薯营养保健功能及产业化发展研究 [J]. 现代食品，2019（10）：95-96.

[34] 阳淑，郝艳玲，牟婷婷. 紫色马铃薯营养成分分析与质量评价 [J]. 河南农业大学学报，2015，49（3）：311-315+319.

[35] 赵莎，刘静. 玉米低聚肽提取工艺及探讨对酒精中毒小鼠解酒、护肝的保护作用的研究 [J]. 大众标准化，2020（14）：223-224.

[36] 于典司，王慧，郑洪建. 爆裂玉米研究进展 [J]. 玉米科学，2020，28（1）：86-91.

[37] 白玉米 黄玉米 哪个营养高更好吃 [J]. 农产品市场，2019（19）：60-61.

[38] 任时成. 高蛋白玉米营养价值评定及其在猪鸡日粮中的应用研究 [D]. 郑州：河南农业大学，2007.

[39] 周健，纪景欣. 我国优质蛋白玉米的应用价值及前景展望 [J]. 农业科学，2014，12：121.

[40] 翟少伟，齐广海，刘福柱. 优质蛋白玉米的营养价值及发展前景 [J]. 粮食与饲料工业，2002，6：23-25.

[41] 李洪华. 高油玉米的价值及栽培技术 [J]. 中国农业信息，2014（5）：63.

[42] 韩博. 高油玉米应用价值及发展前景 [J]. 现代农业科技，2011（1）：114.

[43] 冷张玲. 黑色营养健康食品黑玉米 [J]. 中国果菜，2015，34（7）：68-70.

[44] 娄爽爽. 黑玉米深加工农业产品价值开发与设计研究 [D]. 上海：东华大学，2018.

[45] 任艳，郑常祥，徐建霞，等. 糯玉米的营养价值及综合利用 [J]. 农技服

务，2019，36（9）：55–57.

［46］邹原东，韩振芹，李志强. 不同糯玉米品种营养品质的比较研究［J］. 安徽农业科学，2020，48（9）：30–33.

［47］张庆娜，傅迎军，孙殷会，等. 专用型笋玉米的引进与筛选［J］. 黑龙江农业科学，2016（2）：1–4.

［48］江均平，孙艳丽，裴志超，等. 北京鲜食甜玉米营养成分分析与评价［J］. 中国食物与营养，2020，26（8），55–59.

［49］刘学铭，陈智毅，唐道邦. 甜玉米的营养功能成分、生物活性及保鲜加工研究进展［J］. 广东农业科学，2010，37（12）：90–94.

［50］陈小萍，倪鑫炯. 黑玉米和黄玉米抗氧化提取物的抗氧化实验研究［J］. 食品工业科技，2009（7）：155–156+201.